石灰性土壤溶磷细菌的筛选鉴定及在复垦土壤上的应用

乔志伟　著

中国农业大学出版社

·北京·

内 容 简 介

本书结合国内外溶磷微生物的研究进展,利用在山西石灰性土壤上筛选的高效溶磷细菌为试验菌株,并将溶磷细菌与基质混合制成溶磷细菌生物有机肥,在此基础上通过施用溶磷细菌生物有机肥,深入研究了溶磷细菌在复垦土壤上生长繁殖状况以及对复垦土壤有效磷、磷分级、磷解析特性、作物产量等方面的影响,以期揭示溶磷细菌在复垦土壤上对磷素有效性的影响机制,进一步为复垦区土壤快速培肥及生物复垦技术提供理论和实践基础。

图书在版编目(CIP)数据

石灰性土壤溶磷细菌的筛选鉴定及在复垦土壤上的应用/乔志伟著.—北京:中国农业大学出版社,2017.7

ISBN 978-7-5655-1888-1

Ⅰ.①石… Ⅱ.①乔… Ⅲ.①磷菌剂-应用-石灰性土壤-复土造田-研究

Ⅳ.①S155.2

中国版本图书馆 CIP 数据核字(2017)第 167661 号

书　名	石灰性土壤溶磷细菌的筛选鉴定及在复垦土壤上的应用
作　者	乔志伟　著

策划编辑	梁爱荣	责任编辑	梁爱荣
封面设计	郑　川	责任校对	王晓凤
出版发行	中国农业大学出版社		
社　址	北京市海淀区圆明园西路 2 号	邮政编码	100193
电　话	发行部 010-62818525,8625	读者服务部	010-62732336
	编辑部 010-62732617,2618	出　版　部	010-62733440
网　址	http://www.cau.edu.cn/caup	E-mail	cbsszs @ cau.edu.cn
经　销	新华书店		
印　刷	北京时代华都印刷有限公司		
版　次	2017 年 8 月第 1 版　2017 年 8 月第 1 次印刷		
规　格	787×980　16 开本　8.75 印张　160 千字		
定　价	35.00 元		

图书如有质量问题本社发行部负责调换

　　本书在贵州省科技厅联合基金"贵州中部农田土壤溶磷细菌的筛选及溶磷机理的研究(项目编号:黔科合 LH[2016]7280)"和安顺学院博士基金项目"溶磷细菌肥料的研制(项目编号:Asubsjj(2016)01)"共同支持下完成。

前　言

　　中国是世界上煤炭产量和消耗量最多的国家,煤炭大量开采后,地下部分出现采空区,极易发生塌陷和地质灾害;近十年来随着我国经济的高速发展,人地矛盾日益突出,18亿亩耕地红线面临严峻的挑战,采煤塌陷土地复垦迫在眉睫,然而采煤塌陷被破坏的土地压实严重,肥力低,微生物种类和数量少,土地复垦难度很大,土地复垦的关键在于土壤肥力的提高,复垦土壤肥力的关键在于土壤磷素养分的提高,因此在复垦土壤上研究磷素对于土地复垦具有重要的意义。

　　本书以采煤沉陷区土壤快速培肥为目的,将理论研究与实践相结合,在复垦区开展溶磷细菌的应用研究,主要包括溶磷细菌的筛选鉴定、溶磷特性及在复垦土壤上的应用方面的研究。第1章介绍了土壤磷素及溶磷微生物的国内外研究进展。第2章说明了溶磷微生物筛选及应用的试验设计、供试材料及研究方法。第3章和第4章主要研究分析了溶磷细菌的筛选、鉴定、溶磷特性、机理。第5章重点研究了组合溶磷细菌的筛选及特性,为溶磷细菌在复垦土壤上的应用提供了高效的菌株资源。第6、7章主要研究分析了溶磷细菌在复垦土壤上的应用。第8章对该研究进行了总结和展望。

　　本书所涉研究内容较多,外业和内业工作量较为繁重,为此特别感谢山西农业大学资源环境学院洪坚平教授和谢英荷教授对本研究的全程指导,感谢樊文华教授对本书给予的意见和建议,感谢山西农业大学冯两蕊老师、张小红老师、孟会生老师、梁利宝老师、李廷亮老师、栗丽老师,山西省环境监测中心李金岚等提供的帮助。另外,研究过程中许多研究生和本科生付出了辛勤的劳动,在此一并致谢!

　　作者从2009年开始进行土壤溶磷微生物的研究,限于学术水平,研究深度尚需挖掘,且对研究中所涉及的科学问题的解释和分析存在诸多不足,书中漏洞或错误在所难免,恳请读者批评指正!

著　者
2017 年 5 月

目　录

1 溶磷微生物研究概述 ……………………………………………… 1

　1.1　磷在植物营养中的重要作用 ……………………………………… 1

　　1.1.1　磷素在植物体内的含量和分布 ……………………………… 1

　　1.1.2　磷在植物体内的重要生理作用 ……………………………… 1

　　1.1.3　植株对磷的吸收和利用 ……………………………………… 2

　1.2　石灰性土壤磷素研究 ……………………………………………… 3

　　1.2.1　土壤磷素的含量及形态 ……………………………………… 3

　　1.2.2　土壤磷分级 …………………………………………………… 3

　　1.2.3　土壤磷的固定和释放 ………………………………………… 4

　　1.2.4　土壤磷素高效利用的措施 …………………………………… 6

　　1.2.5　土壤微生物量磷 ……………………………………………… 7

　1.3　溶磷微生物的研究 ………………………………………………… 8

　　1.3.1　溶磷微生物的研究进展 ……………………………………… 8

　　1.3.2　溶磷细菌的种类和分布规律 ………………………………… 9

　　1.3.3　溶磷微生物的溶磷机理 ……………………………………… 10

　　1.3.4　溶磷微生物溶磷能力的研究 ………………………………… 11

　　1.3.5　溶磷细菌与其他功能菌株组合效应的研究 ………………… 13

　1.4　微生物肥料 ………………………………………………………… 14

　　1.4.1　微生物肥料功能微生物在土壤和作物根系的定殖 ………… 14

　　1.4.2　微生物肥料的应用及作用机理 ……………………………… 16

　　1.4.3　溶磷微生物肥料 ……………………………………………… 17

　1.5　微生物在采煤塌陷复垦土壤上的应用 …………………………… 19

　　1.5.1　AM菌根在复垦土壤上的应用效果 ………………………… 19

　　1.5.2　微生物菌剂在复垦土壤上的应用 …………………………… 20

　　1.5.3　微生物菌剂与其他肥料配施在复垦土壤上的应用 ………… 20

1.6　研究价值及创新 ·· 21

　　1.6.1　研究意义及主要研究内容 ························· 21

　　1.6.2　本研究的科学价值及创新性 ····················· 22

2　试验材料与方法 ·· 24

2.1　研究区概况 ·· 24

2.2　供试材料 ·· 24

2.3　试验设计与方法 ·· 25

2.4　试验统计方法 ··· 25

3　石灰性土壤溶磷细菌的分离筛选和鉴定 ························· 26

3.1　试验设计与分析项目 ··· 26

　　3.1.1　土样采集 ·· 26

　　3.1.2　溶磷细菌的分离筛选 ····························· 27

　　3.1.3　分析项目 ·· 28

3.2　结果与分析 ·· 29

　　3.2.1　溶磷菌的分离和初筛 ····························· 29

　　3.2.2　溶磷细菌的筛选 ···································· 30

　　3.2.3　13 株溶磷细菌的形态观察和生理生化鉴定 ········· 35

　　3.2.4　13 株溶磷细菌 16s RNA 序列的测定及分析 ······· 37

3.3　讨论 ··· 38

　　3.3.1　溶磷细菌的筛选和溶磷能力的测定 ··············· 38

　　3.3.2　溶磷细菌的鉴定 ···································· 39

　　3.3.3　溶磷细菌的种类与溶磷能力 ······················ 40

3.4　结论 ··· 40

4　一株石灰性土壤典型溶磷细菌溶磷特性的研究 ··············· 41

4.1　试验设计与分析项目 ··· 41

　　4.1.1　试验设计 ·· 41

　　4.1.2　分析项目 ·· 42

4.2　结果与分析 ·· 44

　　4.2.1　溶磷拉恩氏菌 W25 对磷酸三钙的溶解动态 ········· 44

　　4.2.2　不同磷酸钙浓度对拉恩氏溶菌 W25 溶磷能力的影响 ······· 46

　　4.2.3　模拟土壤缓冲条件下拉恩氏菌 W25 对磷酸三钙溶解

　　　　　能力的影响 ··· 46

4.2.4 拉恩氏菌 W25 对磷酸铝和磷酸铁溶解动态的研究 ………… 48

4.2.5 不同碳氮源条件下对拉恩氏菌 W25 溶磷能力的影响 ……… 49

4.2.6 不同碳氮比条件对拉恩氏菌 W25 溶磷能力的影响 ……… 50

4.2.7 不同硝态氮与铵态氮配比条件下对拉恩氏菌 W25 溶磷能力的影响 …………………………………………………… 52

4.2.8 外加磷源对拉恩氏菌 W25 溶磷能力的影响 ……… 52

4.2.9 不同碳氮磷源对拉恩氏菌 W25 产酸性能的影响 ……… 53

4.3 讨论 ……………………………………………………………… 55

4.4 结论 ……………………………………………………………… 56

5 不同溶磷细菌组合及溶磷条件的研究 …………………………… 59

5.1 试验设计与分析项目 ………………………………………… 59

5.1.1 试验设计 ……………………………………………… 59

5.1.2 分析项目和方法 ……………………………………… 60

5.2 结果与分析 …………………………………………………… 62

5.2.1 不同菌株拮抗试验 …………………………………… 62

5.2.2 不同溶磷细菌及组合对磷酸三钙的溶解能力 ……… 63

5.2.3 不同条件对拉恩氏菌＋假单胞菌 1＋假单胞菌 2 溶磷能力的影响 ……………………………………………… 64

5.2.4 拉恩氏菌＋假单胞菌 1＋假单胞菌 2 最佳溶磷条件和生长条件研究 ……………………………………………… 69

5.3 讨论 ……………………………………………………………… 71

5.4 结论 ……………………………………………………………… 72

6 溶磷细菌对复垦土壤磷吸附解吸的影响 ………………………… 74

6.1 试验设计与分析项目 ………………………………………… 75

6.1.1 试验设计 ……………………………………………… 75

6.1.2 分析项目与方法 ……………………………………… 76

6.2 结果与分析 …………………………………………………… 77

6.2.1 溶磷细菌不同处理对复垦土壤溶磷细菌数量的影响 ……… 77

6.2.2 溶磷细菌不同处理对复垦土壤部分理化性状的影响 ……… 78

6.2.3 溶磷细菌不同处理对复垦土壤酸性磷酸酶和碱性磷酸酶的影响 ……………………………………… 80

6.2.4 溶磷细菌不同处理复垦土壤磷吸附特性 ………… 81

  6.2.5 溶磷细菌不同处理复垦土壤磷的解吸特性 ················ 86

 6.3 讨论 ·· 87

 6.4 结论 ·· 88

7 溶磷细菌在复垦土壤上盆栽及大田应用效果 ················ 90

 7.1 试验设计与分析项目 ···································· 90

  7.1.1 试验设计 ·· 90

  7.1.2 分析项目与方法 ···································· 91

 7.2 结果与分析 ·· 93

  7.2.1 盆栽试验 ·· 93

  7.2.2 大田试验 ·· 103

 7.3 讨论 ·· 106

  7.3.1 溶磷细菌对土壤无机磷形态及有效性的影响 ·········· 106

  7.3.2 溶磷细菌对土壤酶活性及作物增产的影响 ············ 107

 7.4 结论 ·· 107

  7.4.1 盆栽试验 ·· 107

  7.4.2 大田试验 ·· 108

8 结论和展望 ·· 109

 8.1 结论 ·· 109

 8.2 展望 ·· 112

参考文献 ·· 113

1 溶磷微生物研究概述

1.1 磷在植物营养中的重要作用

在植物大量营养元素中,磷是对作物生长和发育具有重要作用的元素之一,是不可或缺的,植物体内许多重要有机无机化合物都含有磷,并且植物体内的许多代谢活动都有磷的参与,磷素营养在提高作物产量方面也有明显的作用。

1.1.1 磷素在植物体内的含量和分布

不同作物磷含量差异较大,植株体内磷大约占整个植株干重的 $0.2\%\sim1.1\%$,大多数作物磷含量的范围在 $0.3\%\sim0.4\%$。植物体内的磷有无机磷和有机磷两种形态,其中大部分为有机磷,有机磷的含量可占整个植株含磷量的 85% 左右,主要以核酸、三磷酸腺苷、磷脂、植素以及其他有机磷形态存在;无机磷含量较少,大约占全磷的 15%,无机态磷主要与金属离子(Ca^{2+},Mg^{2+},K^{+} 等)形成磷酸盐存在。

不同的作物,由于生育时期以及器官的不同,含磷量不尽相同。一般来说,不同作物之间,含磷量油料作物>豆科作物>谷类作物;同一作物不同的生育时期,幼苗期>成熟期;同一作物不同器官,幼嫩器官>衰老器官,繁殖器官>营养器官;对作物的不同部分,含磷量种子>叶片>根系>茎秆;作物含磷量与其所处的地理环境以及土壤环境也有关系,总体来说,土壤有效磷较高的土壤,植株体内的磷含量高于有效磷低或者亏缺的土壤(陆景陵,2002)。

1.1.2 磷在植物体内的重要生理作用

磷在植物体内的作用和功能主要有以下几个方面:

1)磷素是植物体代谢作用的多数化合物的组成成分

植物体内,由磷酸键连接而成多种含有机磷的化合物,如核酸、磷脂、植素、ATP 等。核酸中的 DNA 作为遗传信息的载体,对作物本身的遗传特性具有重要意义,其基本结构就是四种脱氧核苷酸的链接及排列顺序,两个核苷酸之间连接的键就是磷酸二酯键;ATP 是含有两个高能焦磷酸键的磷酸化合物,可以水解释放能量,为植物体代谢活动提供能量,保证代谢活动的顺利进行。

2)磷对作物光合作用具有重要作用

植物光合作用的发生过程中需要磷的参与,在光合碳产物的分配与运输方面也不能没有磷。在培养液缺磷或者低磷条件下,植株光合作用速率明显降低(Sivak 和 Walker,1987),当在培养液加入磷和给叶片喂磷,植株光合作用在很短的时间内恢复(Dietz,1986);王琪等(2005)研究表明磷通过叶片中有机磷的循环以及 RuBP 的再生影响光合作用。目前研究表明,缺磷条件下光合作用下降的主要原因有:①缺磷影响 ATP 和 NADPH 等同化力的形成;②缺磷影响 RuBP 的再生;③缺磷影响光合作用产物的运输。

3)磷可以增强作物抗旱性

大量的研究表明,磷在增强作物抗旱性方面具有重要的作用。张岁岐(1998)等研究表明,小麦在干旱土壤上含磷量较高的条件下植株叶片含水量相对较高;Gnansiri 等(1990)研究表明干旱条件下磷素营养可以明显改善玉米叶片的水分状况;在干旱条件下,磷可以增加植株体内脯氨酸的含量,提高作物渗透调节的能力,使其抗旱性增强(张国盛,2001;Rodriguez,1995);杨俊兴(2003)指出磷素营养主要通过调节水分、渗透能力以及根冠比等过程来增强植物对干旱的适应能力。

此外,磷素营养在促进氮素和脂肪代谢,在抗寒以及增强作物对环境适应性方面又具有重要的作用(陆景陵,2002)。

1.1.3 植株对磷的吸收和利用

植株对磷的吸收是逆浓度梯度的主动运输,这一过程需要消耗能量(Ratnayake,1978)。植株吸收的磷主要是以无机态磷酸盐的形式存在。植物吸收磷的部位主要在根毛区,孙海国等(2012)研究认为在缺磷的环境可以促进根系的发育。Ma Z 等(2001)进一步研究表明缺磷条件下细根数量以及根毛的密度增加显著。植物对磷吸收受到多种因素的影响,主要有作物种类、质地、土壤供磷特性以及土壤的酸碱度等;根系吸收的磷,大部分被用于植株体内物质的构建,少部分用于体内的能量代谢。

1.2　石灰性土壤磷素研究

1.2.1　土壤磷素的含量及形态

土壤磷在保证粮食产量稳产高产方面发挥着巨大的作用,但同时也是对农业生产影响最大的因素之一。全世界耕地大约有 43% 缺磷(刘建中,1994),在我国可耕作的土壤中,大约有 67% 处于缺磷状态(沈善敏,1985),缺磷现象非常严重。土壤缺磷不是指土壤里面全磷(P_2O_5)含量低,而是说土壤中可被植物吸收利用的有效磷含量低。在我国的耕地土壤中,多数土壤全磷含量在 $0.4\sim2.5$ g/kg,但是有效态磷(可被植物吸收利用)一般不超过全磷含量的 5%。土壤全磷含量高而有效磷含量低的情况在北方石灰性土壤上表现得尤为突出,土壤全磷含量在 $1.2\sim1.6$ g/kg,可被植物吸收利用的那一部分磷仅占全磷量的 1%(高贤彪,1997)。

土壤中的磷可分为有机态磷和无机态磷,有机态磷主要包括磷脂类、类磷脂类、核酸、植素等,含量占全磷的 20%～50%(Dalal R C,1977)。无机态磷一般占全磷量的 50%～80%,无机磷有矿物态磷、吸附态磷以及水溶态磷,其中矿物态磷占全磷量约 99%,主要包括磷酸钙盐、磷酸铁铝盐等,土壤中矿物态磷酸盐在不同的地理因素下,成土的条件各不相同,土壤中磷酸盐的种类不同,北方石灰性土壤中磷酸钙盐含量可占到整个无机磷的 2/3,而磷酸铁含量较低,南方酸性土壤中磷酸铁含量可达石灰性土壤的 10 倍之多(袁可能,1983)。

1.2.2　土壤磷分级

1)土壤无机磷分级及有效性

土壤磷形态多样,且难以直接测定,人们一般通过磷分级的方法来研究各种形态磷的有效性。土壤无机磷分级的研究从 20 世纪 30 年代开始,最初研究的 20 多年,由于方法的不完善和不统一,人们对土壤磷各形态的认识不一;在 1957 年,Chang 和 Jackson 基于土壤中磷酸盐与不同阳离子结合后的特性不同,提出了将土壤中无机磷分为磷酸铝盐、磷酸铁盐、磷酸钙盐和闭蓄态磷酸盐四种形态。在酸性土壤中主要是 Al-P、Fe-P,这一磷分级的方法基本上将磷酸铁盐和磷酸铝盐区别开来,因此此分级方法在评价酸性土壤无机磷形态有效性方面具有重要意义,极大地促进了土壤磷素化学的研究(蒋柏藩,顾益初,1989),并且在石灰性土壤上也得到了一定的应用(顾永明,1986;尹君来,1989)。

在石灰性土壤上,磷酸钙盐含量较高,占无机磷总量的 70% 左右,磷酸钙盐有

— 3 —

多种形态,有磷酸一钙、磷酸二钙、磷酸八钙以及磷酸十钙等,这些磷酸盐的化学性质和在溶液中的溶解度差异较大,磷酸一钙为水溶性磷酸盐,磷酸二钙为土壤中有效态磷酸盐,磷酸十钙是难溶态磷酸盐。Chang 和 Jackson 磷分级的方法统一将上述各种磷酸钙盐分为 Ca-P 一类,对石灰性土壤磷有效性的研究无法深入。1990 年,蒋柏藩和顾益初在大量试验的基础上,在 Chang 和 Jackson 的方法上做出了修改,提出了一个能准确评价石灰性土壤无机磷形态有效性的磷分级的方法,该方法将土壤无机磷分为 Ca_2-P、Ca_8-P、Fe-P、Al-P、O-P、Ca_{10}-P 六种,该方法将石灰性土壤中存在大量的磷酸钙盐也进行分类,并对磷酸铁盐和磷酸铝盐的测定也提出了改进,蒋柏藩和顾益初这一磷分级的方法在我国北方土壤磷素有效性的研究中得到了广泛的应用(程传敏,1997;刘建玲 1994)。

蒋柏藩和顾益初提出的无机磷分级的方法步骤如下:首先通过 0.5 mol/L $NaHCO_3$ 将土壤中 Ca_2-P 浸提出来,经过 $NaHCO_3$ 浸提的土壤,用 95% 的酒精洗涤后加 0.5 mol/L NH_4OAc 浸提测定土壤 Ca_8-P;经 NH_4OAc 浸提的土壤通过饱和氯化钠清洗,通过 0.5 mol/L NH_4F 浸提测定土壤中的 Al-P;再将土壤用饱和氯化钠溶液洗两次,用 0.1 mol/L $NaOH$-0.1 mol/L Na_2CO_3 浸提测定 Fe-P;闭蓄态磷(O-P)用硫酸高氯酸和硝酸三酸混合液浸提;经过 O-P 浸提的土壤加入 0.5 mol/L 硫酸,离心比色测定 Ca_{10}-P。

土壤无机磷各形态有效性差异较大。多数研究表明,植物容易吸收 Ca_2-P,Ca_2-P 是作物直接有效的磷源;Al-P 在石灰性土壤中是仅次于 Ca_2-P 的第二有效磷源;Ca_8-P 和 Fe-P 是土壤中的缓效态磷,可以作为土壤中潜在的有效磷源;O-P 和 Ca_{10}-P 是难以被植物吸收利用的,是土壤中的磷库;土壤无机磷有效性的大小依次为 Ca_2-P>Al-P>Ca_8-P>Fe-P>Ca_{10}-P>O-P(曹一平,1994;刘文革,1993)。

2)土壤有机磷分级

目前,对土壤有机磷形态及其有效性的研究常用 Bowman-Cole 分级方法,该分级法将土壤有机磷分为易被作物吸收的活性有机磷、较易被植物吸收的中度活性有机磷、不易被植物吸收的中稳性有机磷、基本不被植物吸收的高稳性有机磷四种(Bowman A,1978)。其中活性有机磷和中度活性有机磷占有机磷总量的 3/5 左右,与土壤磷素供应有直接的关系,可以作为植物有效磷的供应指标之一(莫淑勋,1992)。

1.2.3 土壤磷的固定和释放

1)土壤磷的固定

土壤中磷的固定主要有沉淀固定、吸附固定、生物固磷作用以及磷酸盐化合物的包蔽固定。

土壤普遍存在沉淀固磷的作用,在酸性土壤中磷被沉淀固定主要形成磷酸铁铝,在中性土壤中主要形成较难溶态磷酸钙,在石灰性土壤中主要形成难溶态的羟基磷灰石。土壤磷的生物固定与有机体的 C/P 有关系,当 C/P＞300 时,有机生物体固磷作用大于矿化作用;当 C/P＜200 时,有机生物体的矿化作用大于固磷作用。土壤中的磷酸盐也可以被铁铝氧化物胶膜所包蔽,形成闭蓄态磷酸盐,难以被植物吸收利用。

土壤磷的吸附固定有非专性吸附和专性吸附,在酸性土壤上表现得很明显,在酸性条件下,活性铁铝质子带正电荷,磷酸根带负电荷,这样正负电荷通过静电引力发生非专性吸附,磷酸根被吸附固定;磷酸根通过配位交换而被固定,这种交换具有专一性,称为专性吸附;磷的吸附固定也发生在石灰性土壤上,石灰性土壤中的碳酸钙以及少量的活性铁铝,都可以发生专性吸附,最后形成难溶态的磷灰石(Holfod,1979)。

一般通过磷的等温吸附方程来描述磷的吸附过程,目前能比较准确反映土壤等温吸附曲线的等温吸附方程是 Langmuir 方程,以平衡溶液磷的浓度(c)与土壤吸磷量(X)的比值 c/X 与 c 的关系作线性图,可以得到土壤中与磷相关的重要参数,有 X_m(土壤磷最大吸附量)和 k(吸附常数),以及土壤的最大缓冲容量(k 与 X_m 的乘积)。曹志红(1988)、何振立(1988)、李晋荣(2013)等研究表明 Langmuir 方程与土壤磷的吸附曲线最为吻合,所以该模型在土壤吸附理论中应用最广泛。

2)土壤磷的释放

土壤磷素的释放是固定的逆过程,在保持土壤磷素平衡中起重要的作用,植物吸收土壤溶液中的磷,使土壤溶液磷浓度降低,磷的释放可以在一定程度上补充土壤因植物生长吸收的那部分磷。土壤磷的解吸是土壤磷释放的一个重要途径,解吸能力的大小直接关系到土壤固相和液相之间的磷交换的速率以及土壤溶液磷的含量,对植物有效性具有重要影响(王建林,1987;赵美芝,1988)。通过静电作用等非专性吸附的磷,在获得足够能量的条件下较容易被解吸出来,通过配位交换专性吸附的磷,则很难被解吸出来。

3)影响土壤磷吸附和解吸的因素

土壤磷的吸附和解吸是逆过程,影响磷吸附的因素都可以影响磷的解吸。土壤磷的吸附和解吸与土壤的黏粒、pH、根际微生物等有关。土壤黏粒含量越高,对磷的吸附能力就越强(夏瑶,2002);土壤 pH 对于土壤磷素的吸附解吸具有重要的影响,pH 的变化影响着磷酸根离子的解离,同时 pH 的变化也影响着电荷电位的变化。由于土壤本身的性质,加之土壤 pH 与磷的吸附解吸的关系复杂,人们在研究 pH 对于土壤磷吸附解吸的规律时,难以形成一致的看法。李庆奎(1986)在研究荞麦根际磷吸附解吸特性时,认为根际分泌物降低土壤的 pH,荞麦吸磷能力增强;也有人研究表明,随着土壤 pH 的升高,土壤固磷能力有所降低(Bache and Christina,1980;Haynes and Shift,1985)。作物根际是微生物活动最活跃的区域,微生物的活动可以加快土壤中有机磷的分解,微生物机体中也含有大量的磷,在微生物衰亡分解后体内的磷释放到土壤中,并且研究证明,微生物机体中的磷易矿化,土壤微生物磷也是土壤中有效磷的一个重要来源(张宝贵,1998);同时根际土壤微生物在磷的转化过程中也有重要作用。李法云(1997)等用同位素示踪的方法研究得出,土壤中外加入的无机磷在 2 周内大约有 9%转化成为微生物量磷和有机磷,因此根际土壤微生物可以在一定程度上提高土壤中有效磷的含量以及磷的作物有效性,对土壤的吸附解吸也具有重要的作用。

此外,土壤的质地、还原条件、有机物质、阳离子交换量都可以在一定程度上对磷的吸附解吸产生影响。土壤对磷素的吸附解析是一个多因素影响的复杂过程,在研究这一过程时,要综合考虑各因素的作用,对其作出客观的、准确的评价。

1.2.4　土壤磷素高效利用的措施

土壤全磷含量较高,但可供植物吸收利用的很低,不能满足植物生长的需要,因此作物产量和粮食安全无法保障;磷肥施入土壤中的利用率一般不超过 20%,75%~90%的磷肥在土壤中累积并形成难溶态磷酸盐(鲁如坤,1981),磷肥的大量施入虽然在一定程度上缓减了土壤缺磷的状况,但是也给土壤和环境带来了巨大的污染。因此,对磷的研究一方面要减少磷肥施用和提高磷肥利用率,另一方面要开发土壤中的磷素资源,将难溶态磷转化为可以被植物吸收利用的有效态磷。目前研究较多的提高土壤磷素的措施主要有农艺措施、作物措施及微生物作用等。

有机肥料的使用、土地不同利用方式、耕作等农艺措施都会影响土壤磷素养分的有效性(薛巧芸,2013),在作物措施方面,有效的方法是通过遗传育种手段选育耐低磷作物品种(Fageria 等,2008)。近年来,参与耐低磷胁迫的基因大部分被克隆(Yang and Finnergan,2010;Chiou and Lin,2011),但是通过基因改造的作物品种,在作物安全性方面的问题至今未有定论;微生物在土壤磷素循环中起着重要的作用,沙角衣藻、VA 菌根真菌、微生物残体等均可以促进土壤磷素的转化(张宝贵,1998),在土壤中还存在一类可以溶解难溶态磷和将有机磷转化为有效磷的微生物,称为溶磷微生物,溶磷微生物在土壤中磷转化和土壤磷素高效利用过程中发挥着重要的作用,是目前在改善土壤磷素养分研究方面的一个热点。

1.2.5 土壤微生物量磷

1）土壤微生物量磷含量

不同土壤微生物量磷含量差异较大,耕作土壤微生物量磷含量为 $20\sim40$ $\mu g/g$,占有机磷总量的 2%～5%;我国旱地土壤微生物量磷含量大部分为 $5\sim35$ $\mu g/g$,牧草土壤微生物量磷含量可达土壤有机磷总量的 1/5;南方红壤微生物量磷含量在 $12.2\sim31.5$ $\mu g/g$。

2）影响土壤微生物量磷的因素

土壤有机磷中最活跃的一类是土壤微生物量磷,土壤微生物量磷对土壤磷的矿化和固定起调节作用,可以在一定程度上反应土壤中活性磷库的大小,对土壤磷素的周转也有一定作用(王晔青,2008;Gyaneshwar P,2002;黄敏,2003)。土壤微生物量磷含量受多重因素的影响,有土壤性质、气候条件、土地利用方式和施肥措施等(黄敏,2004;何振立,1997;He Z L,1997;Srivastava S C,1992)。

土壤性质主要是土壤质地以及养分含量的不同对土壤微生物磷素的含量产生影响,Castillo X(2001)研究发现不同质地的土壤微生物量磷含量有差异,一般沙壤中的含量小于壤土;Chauhan(1981)研究认为土壤有效磷含量影响土壤微生物量磷含量,土壤有效磷含量高时,土壤微生物量磷也较高;土壤无机磷含量还可以影响微生物量磷的测定,林启美(2001)研究表明,土壤可溶性无机磷对土壤微生物量磷的测定有影响,当土壤中可溶性无机磷含量大于 50 mg/kg 时,会严重干扰微生物量磷的测定,必须除去后再测定。气候条件主要是四季变化,随着季节的变化土壤微生物量磷含量也会出现相应的变化,表现为春天含量低而冬天含量高(Chen C R,2003)。不同土地利用方式同样会造成土壤微生物量磷含量的不同,任天志(2000)对不同土地利用方式下土壤微生物量磷做了研究,土壤微生物量磷林地最高,草地次之,耕地最少;来璐(2004)在黄土高原旱地区研究了不同轮作措施下土壤微生物量磷的含量,不同的轮作措施对土壤微生物量磷影响也不同,粮食作物与豆科植物轮作条件下土壤微生物量磷的增加效果比粮食作物与牧草轮作的好;彭佩钦(2006)研究了洞庭湖区不同利用方式下土壤微生物量磷的变化,研究表明土壤微生物量磷水田高于旱地。施肥措施对土壤微生物量磷的影响较大,来璐(2004)在黄土高原旱地区研究了轮作与施肥对土壤微生物量磷的影响,研究认为施肥能增加土壤微生物量磷的含量,N、P 肥与有机肥共同施用增加效果比单施 P 肥效果显著;王晔青(2008)研究了棕壤土壤微生物量磷在长期施肥条件下的变化情况,结果表明,长期单施氮肥土壤微生物量磷含量减少,长期施用有机肥或者磷肥有助于土壤微生物量磷的增加，有机肥对土壤微生物量磷的增加效果显著；黄敏（2004）和陈安磊（2007）等研究结果表明在稻田土壤长期施用化肥对土壤微生物量磷的影响较小。

3）土壤微生物量磷与土壤磷素的关系

土壤微生物量磷在一年中的周转量是微生物本身含磷量的 2 倍以上，是植物吸收磷量的 4～10 倍，因此微生物量磷对土壤磷素的生物转化以及磷素的植物有效性具有重要意义（李东坡，2004；文倩，2005）。土壤微生物量磷与土壤磷素关系密切。王晔青（2008）研究结果表明土壤微生物量磷与土壤全磷、有机磷、有效磷的相关性极显著，土壤微生物量磷的多少与土壤磷素肥力的大小关系密切；黄敏（2004）和陈安磊（2007）研究结果表明土壤微生物量磷与 Olsen-P 关系密切；在各无机磷形态中，与微生物量磷相关性最大的是 Al-P，其次为 Fe-P、Ca-P，与闭蓄态磷相关性不显著，土壤微生物量磷与无机磷 Al-P，Fe-P，Ca-P 的这种显著相关的关系，使这些难溶态无机磷转化为有效态磷；冯瑞章（2007）研究了不同建植时期人工草地土壤微生物量磷与土壤养分的关系，表明土壤微生物量磷与有机碳、速效 P、速效 K、全氮等均呈极显著的相关性，并且与土壤中性磷酸酶的相关性也极显著；陈国潮（1999）对不同肥力的红壤磷与微生物量磷之间的相关性进行了研究，同样得出土壤微生物量磷与土壤有效磷，有机磷以及全磷呈显著的正相关。

1.3 溶磷微生物的研究

在土壤中，溶磷微生物是生物溶磷作用中最活跃的一类。磷矿资源属于不可再生的资源，磷肥的大量使用必然在未来的某个时间造成磷矿资源的枯竭，挖掘土壤潜在的磷素资源，将土壤难溶态磷转化为有效态磷，是提高磷植物有效性的重要途径，也是保护磷矿资源的有效方法。土壤中溶磷微生物可以将难溶态磷（各类无机磷以及有机磷）转化成有效磷，研究溶磷微生物有助于改善土壤磷素营养，对保护磷矿资源以及生态环境具有重要而深远的意义。

1.3.1 溶磷微生物的研究进展

国外溶磷细菌被发现和报道于 20 世纪初，对溶磷细菌的认识也经历了一个较长的摸索阶段。Sack（1908）等研究发现一些能溶解磷矿粉和骨粉等难溶态磷化合物的细菌；1935 年苏联学者分离出一株巨大芽孢杆菌（*Bacillus megaterium*），能明显增加土壤有效磷含量；Pikovskaya（1948）提出了适合无机溶磷细菌生长的培养基;Johnson(1954)发现真菌也具有溶磷作用,揭开了溶磷真菌研究的历史;直到 Sperber(1958)发现放线菌也具有溶解磷酸三钙的能力,人们对溶磷微生物的认识才比较全面,溶磷微生物不仅有溶磷细菌,部分真菌和放线菌也对难溶态磷具有溶解作用。Paul 和 Rao(1971)从印度的四种土壤豆科作物根际分离出 12 株芽孢杆菌属的溶磷细菌,并对其溶磷能力进行了研究,巨大芽孢杆菌溶磷能力最强;Singh(2012)等在印度 Punjab 地区的农业土壤中分离出 31 株具有明显溶磷能力的假单胞菌,在田间试验中溶磷细菌对作物生长有明显的促进作用。

国内溶磷细菌的研究起步于 20 世纪中期,虽起步较晚,但发展速度比较快,也取得了一些重要的成就,1950 年,中科院的科研工作者从东北黑土中筛选出假单胞菌,对卵磷脂溶解能力较强;尹瑞玲(1988)研究了我国旱地土壤溶磷细菌的种类和数量;范丙全(2001)首次筛选出溶磷草酸青霉菌;钟传青(2005)对土壤溶磷微生物溶解磷矿粉的特性以及产酸产酶机理做了深入的研究;向文良(2009)分离筛选出中度嗜盐溶磷菌,刘文干(2012)从红壤中分离出一株洋葱伯克霍尔德氏溶磷菌等。

1.3.2　溶磷细菌的种类和分布规律

土壤中具有溶磷能力的微生物种类较多,有细菌、真菌和放线菌;目前报道研究较多的溶磷细菌主要有芽孢杆菌属(*Bacillus*)、假单胞菌属(*Pseudomonas*)、肠杆菌属(*Enterbacter*)、欧文氏菌属(*Erwinia*)、土壤杆菌属(*Agrobacterium*)、固氮菌属(*Azotobacter*)、根瘤菌属(*Bradyrhizobium*)等;溶磷真菌主要有曲霉属(*Aspergillus*)、青霉属(*Penicillium*)、AM 菌根真菌(*Arbuscular mycorrhiza*);具有溶磷能力的放线菌中有链霉菌属(*Streptomyces*)(陈华葵,1979;冯月红,2003;金术超,2006,黄雪娇,2013);根据分解底物的不同,又可以分为溶无机磷的溶磷微生物和溶有机磷的溶磷微生物(王义,2009),在长期对土壤溶磷微生物筛选过程中,发现一些溶磷微生物不仅具有溶解无机磷的能力,并且还具有溶解有机磷的能力,所以很难将溶磷微生物区分开来。

土壤性质以及在土壤上种植作物的不同,溶磷微生物的种类也表现出比较大的差异性。尹瑞玲(1988)研究了我国旱地土壤溶磷微生物的种类,发现在黑钙土中溶磷微生物主要是巨大芽孢杆菌和假单胞菌。南方气候湿热,土壤溶磷生物种类也多;Paul(1971)研究发现豆科植物根际芽孢杆菌属菌株占优势;Molla(1984)对黑麦草和小麦土壤有机溶磷微生物的种类做了分析,主要是革兰氏阴性短杆菌,还有假单胞菌、变形杆菌、微球菌属等。

一般情况下在根际周围溶磷微生物的数量比其他区域的多,呈现出强烈的根际效应(谭金丽,2006)。赵小蓉(2001)研究小麦和玉米根际溶磷微生物的数量比非根际的多 10~100 倍;林启美(2000)分析了四种不同类型的土壤中溶磷微生物的数量和结构时发现,菜地有机溶磷细菌数量和种类比农田、草地和林地的多达10 倍;尹瑞玲(1988)发现旱地土壤细菌占绝对优势,溶磷微生物数量黑钙土>黄棕壤>白土>红壤>砖红壤>瓦碱土。

1.3.3　溶磷微生物的溶磷机理

溶磷微生物种类繁多,分布不均匀,溶磷能力差异也大,因此溶磷微生物的溶磷机理也是复杂多样的,目前研究较多且公认的是产酸机理(Park,2011),溶磷微生物还可以通过分泌质子和磷酸酶溶解难溶态磷。

1)溶磷微生物的产酸机理

大量的实验研究结果表明,溶磷微生物具有产酸的能力,溶磷微生物产酸是微生物具有溶磷能力的一个重要特性,溶磷微生物通过产生有机酸对难溶态磷溶解转化,产酸机理是溶磷微生物溶磷机理中最重要的一个方面。溶磷微生物可以产生葡萄糖酸、草酸、柠檬酸、乳酸、琥珀酸等低分子质量有机酸,这些有机酸可以与难溶态磷酸盐中的钙镁铝铁螯合,将难溶态磷酸盐溶解,置换出磷酸根(Rashid,2004);王富民(1992)研究发现黑曲霉在发酵过程中产生了多种有机酸,有草酸、柠檬酸等,并且对土壤难溶态磷具有较强的溶解作用,接种后土壤有效磷增加了142%;赵小蓉(2003)从玉米地土壤中分离出 74 株溶磷微生物,研究发现不同菌株在产酸的种类以及含量方面差异较大,细菌分泌酸的种类比真菌多,但是溶磷能力真菌比细菌强;Hilda Rodriguez(1999)等研究表明,假单胞菌和芽孢杆菌属的许多种具有较强的溶磷能力,且靠有机酸来溶解无机磷;Chen Y P(2006)等研究发现溶磷细菌可以产生柠檬酸、葡萄糖酸、琥珀酸、丙酸、乳酸,还有三种未知酸,认为微生物溶磷能力和培养液 pH 下降与分泌有机酸密切相关;Duff(1963)等发现荧光假单胞菌分泌的 2-酮基葡萄糖酸,对磷矿粉具有溶解作用;杨秋忠(1998)等认为溶解难溶态磷酸铁盐是菌株分泌有机酸的结果。

有机酸对难溶态磷的作用机理主要表现在:①有机酸的存在可以降低土壤中磷酸根的吸附位点,减少土壤对磷酸根的吸附;②有机酸与土壤中的铁铝氧化物之间存在络合反应,使铁铝氧化物等吸附剂表面电荷发生改变(刘国栋等,1995);③有机酸直接与难溶态磷化合物发生反应;④有机酸可以使土壤对磷的吸附位点消失。石灰性土壤中碳酸钙具有强烈的吸磷作用,有机酸能与碳酸钙发生反应,使其溶解,并且促进碳酸钙或铁铝等所吸附的磷的释放(Earl K D,1997)。

2)溶磷微生物分泌磷酸酶的溶磷机理

溶磷微生物分泌的有机酸主要是在溶解难溶态无机磷酸盐的过程中起作用，对有机磷的转化主要依靠酶解作用来完成。微生物在代谢过程中产生各种磷酸酶，加速有机磷的矿化作用，一些溶磷细菌在缺磷土壤条件下可分泌核酸、植酸以及磷脂酶类物质，通过酶解作用使有机磷转化成可供植物吸收利用的有效磷（Madhulika，2003）；郝晶（2006）等研究表明，溶磷菌株磷酸酶的含量与溶有机磷能力呈极显著的正相关；宋勇春等在土壤中施用菌根真菌后，土壤磷酸酶含量显著增加，作物吸磷量也增加；溶磷细菌分泌的磷酸酶在有机磷的溶解转化过程中起重要作用。

3)溶磷微生物的其他溶磷机理

溶磷微生物对无机磷的溶解主要依靠分泌有机酸来实现，对难溶态有机磷主要由酶解作用参与，除此之外，溶磷微生物还可能通过分泌质子、呼吸作用、释放H_2S、对动植物体的腐解作用、溶磷微生物自身的裂解释放作用等方式来溶解土壤中难溶态磷。Illmer（1995）认为微生物溶解难溶态无机磷是依靠分泌质子的作用；也有部分溶磷微生物通过呼吸作用释放 CO_2，使周围环境 pH 下降（谭金丽，2006）；有些溶磷微生物通过产生 H_2S，通过一系列作用生成硫酸促进难溶态磷的溶解（Motokazu，2013）；溶磷微生物在分解动植物残体过程中，会产生胡敏酸和富里酸，这两种酸可以促进有机磷的转化；Fransson 等研究溶磷细菌细胞裂解死亡后会释放机体内含磷的小分子物质，并转化成可以供植物利用的磷。

1.3.4　溶磷微生物溶磷能力的研究

1)溶磷微生物溶磷能力的测定方法

溶磷细菌溶磷能力的测定，主要有溶磷圈法、液体发酵法、同位素示踪法、熏蒸法等方法。常用的方法有溶磷圈法和液体培养发酵法，溶磷圈法是根据微生物在难溶态磷酸盐固体平板上溶磷圈的直径与菌落直径的比值的大小来判断菌株溶磷能力的强弱，这一方法在溶磷菌的初筛中比较适合，但是有些溶磷细菌并不在固体平板上出现溶磷圈，并且在实际测定中溶磷能力与溶磷圈的大小并不一定呈正相关性，所以此方法在衡量溶磷微生物的溶磷能力方面不准确；液体培养发酵法是将菌株接种在含有难溶态磷酸盐的液体培养基中，通过一段时间的培养，将发酵液离心后用钼蓝比色法测定有效磷的含量，接种菌株培养液有效磷含量与对照不接菌培养液有效磷含量的差值即为菌株的溶磷能力。在微生物培养过程中，培养液中有一部分磷被菌株同化利用，测定值比实际值偏低，这一方法在一定程度上能客观地反映菌株的溶磷能力；同位素示踪法是将菌株接种在用^{32}P标记的难溶性磷酸盐培养基中，通过种植植株幼苗观察植物对^{32}P的吸收情况，这一方法能准确地反映出溶磷微生物的溶磷量，但是这一方法价格昂贵，操作步骤繁琐，不具有普及性；赵小蓉(2001)认为熏蒸法能将微生物机体自身同化的那部分磷同时测定出来，结果可靠准确；但是在实际应用中，微生物自身生长消耗的那部分磷对作物生长没有即时的效果，因此通过液体发酵培养的方法测定的溶磷能力更能代表溶磷微生物的实际应用效果。

2)溶磷细菌溶磷能力的影响因素

溶磷细菌溶磷能力受多种因素的影响，主要有：菌株溶磷能力的退化、碳氮源种类的不同、农田中各种生物化学物质的使用、土壤有机质的含量、微生物间的相互作用、化学磷肥的施用对溶磷微生物的影响、溶磷微生物吸附载体的选择等(范丙全,2001)。

溶磷细菌菌株在分离筛选过程中，最初会表现出一定的溶磷能力，随着分离纯化的次数增多，有一部分菌株的溶磷能力会降低甚至失去原有的溶磷能力，溶磷微生物在分离筛选纯化过程中会表现出普遍的退化现象。Sperber(1958)和Kucey(1983)发现溶磷微生物在多次转接后有部分菌株溶磷能力退化或丧失；有些溶磷微生物在液体培养液中表现出强的溶磷能力，但是在土壤中却表现不出溶磷能力，Banik(1982)研究结果证明这一现象。因此，溶磷能力的研究必须考虑到菌株的退化。

不同溶磷微生物对不同碳氮源的利用不同，溶磷能力在不同碳氮源条件下也各不相同，不同碳源和氮源影响菌株产生有机酸的种类和浓度进而影响菌株的溶磷量(Reyes,1999)。Vora和Shelt(1998)研究了不同碳氮源溶磷细菌的溶磷能力，对葡萄糖、蔗糖、果糖的利用率高，溶磷量也高，菌株最佳氮源是硫酸铵；贺梦醒(2012)研究了一株芽孢杆菌属的菌株最佳碳源为葡萄糖，在葡萄糖培养液中溶磷能力最高；刘文干(2012)研究一株洋葱伯克霍尔德氏菌以麦芽糖和草酸铵为碳氮源溶磷量最大。

农田中各种杀虫剂、除草剂、杀菌剂的使用，对土壤微生物的生长有抑制作用，溶磷菌接入土壤中，这些化学物质也会对溶磷菌的生长产生影响，影响其溶磷能力。土壤中有机质可以为微生物的生长提供能源物质，丰富的有机物质可以促进溶磷细菌在土壤中的定殖和溶磷能力的发挥；Venkateswarlu(1984)研究表明溶磷细菌的数量和土壤中有机质的含量呈正相关。化学磷肥的使用使土壤中有效磷含量增加，必然会对溶磷细菌溶磷能力产生影响；溶磷细菌在接种到土壤之前，必须选用合适的有机载体，不同载体下菌株的生存能力不同，溶磷能力也不相同；刘小峰研究了溶磷菌株在不同载体(草炭、蛭石、鸡粪)中的存活能力,认为最佳有机吸附载体是鸡粪,有机肥可以作为溶磷微生物的最佳吸附材料。

土壤中溶磷微生物与其他功能微生物之间也相互影响和相互作用,影响溶磷能力的发挥,溶磷微生物在土壤中的作用往往不是单一的,而是多种溶磷菌或与其他菌株之间共同作用的结果。Toro(1996)等研究表明溶磷菌与 VA 真菌能促进 NP 等养分的吸收;冯瑞章(2006)研究溶磷菌和固氮菌的相互作用时,发现有一株溶磷细菌与 3 株固氮菌混合培养能提高溶磷菌株溶解磷矿粉的能力。

1.3.5 溶磷细菌与其他功能菌株组合效应的研究

在自然环境中,不同种类的微生物之间的关系具有多样性,有互利、共生关系,竞争、拮抗关系等。互利共生关系是指将两种或两种以上的功能菌株混合培养,微生物之间彼此提供生长营养物质或者创造有力的生存条件,因此可以增强各菌株在土壤中功效的发挥。近年来,土壤溶磷微生物之间或溶磷微生物与其他菌株之间的组合效应的研究也较多,Raj 研究 VAM 真菌和溶磷细菌共同施用效果较单独施用效果好;Azcon-Aguilar 对 VAM 真菌与溶磷细菌配合施用的效果进行了研究,认为 VAM 真菌促进溶磷细菌对磷酸三钙的溶解和利用能力;王富民(1992)等研究表明土壤中的溶磷细菌与固氮菌之间相互促进生长和增强各自的活性,将固氮菌与溶磷细菌联合制成生物菌剂,对小麦增产效果显著;秦芳玲(1999)在三叶草上联合接种 VA 菌根真菌和解磷菌,VA 菌根与解磷菌联合施用对三叶草生长和磷素吸收有协同增效的作用;林启美(2001)对无机溶磷细菌和纤维素分解菌的相互作用研究时发现,无机溶磷细菌发挥其溶磷能力的关键是为其提供充足且可利用的碳源,纤维素分解菌可以将秸秆中的纤维素分解给溶磷细菌提供碳源,有利于其溶磷能力的发挥;Barea 等研究结果表明溶磷细菌、AMF 根瘤菌联合施用能提高磷矿石在农业上的应用效果;常慧萍等(2008)对小麦根际筛选出的溶磷菌、固氮菌和解钾菌通过不同组合研究其生长效果,结果表明溶磷菌可以促进解钾菌和固氮菌的生长;秦芳玲(2009)研究结果表明在石灰性低磷土壤上,同时接种溶磷细菌和丛枝菌根真菌能显著提高红三叶草地上部干物质量以及氮、磷的吸收,溶磷细菌与丛枝菌根真菌对作物氮、磷的吸收具有协同增效的作用,不同种类的溶磷细菌与丛枝菌根真菌的互作效应不同;刘青海(2011)等对 6 株溶磷菌和 4 株固氮菌混合培养条件的研究表明组合菌株生长能力强于单菌株,并且具有比单菌株更强的耐酸碱和耐盐性。

功能微生物广泛存在于土壤和作物根际,经过长期的适应过程,具有不同能力的菌株或者具有同一功能的不同菌株之间具有很好的协作效应,在功能发挥方面彼此促进,但是也有一些微生物之间存在着拮抗或者竞争关系。饶正华(2002)对解钾菌与解磷菌及固氮菌的相互作用关系进行了研究,结果表明解钾菌与溶磷细菌或者固氮菌混合培养,培养液中固氮菌数量减少,解钾菌与无机溶磷细菌组合培养解钾能力有所降低,解钾菌与有机溶磷细菌以及固氮菌组合培养,解钾能力增强。解钾菌与溶磷细菌之间有协同作用也有拮抗竞争的作用,固氮菌有助于解钾菌解钾能力的发挥;冯瑞章(2006)等对 4 株溶磷菌和 3 株固氮菌单独和混合培养后对磷矿粉溶磷能力进行了测定,研究表明溶磷菌和固氮菌之间既有协同增效的作用,又有竞争的关系;郝晶(2006)研究发现溶磷真菌菌群对豌豆生长和产量影响大于真菌细菌组合。

1.4　微生物肥料

微生物肥料是一类含有高效活力菌的特定制品,主要是通过菌株的生长代谢等生命活动产生代谢物质,这些物质一方面可以改善土壤养分状况,增加土壤养分的植物有效性;另一方面可以分泌生长物质,直接促进作物的生长,微生物肥料可以在一定程度上改善农产品品质和促进土壤环境的可持续发展(葛均青,2003)。

1.4.1　微生物肥料功能微生物在土壤和作物根系的定殖

微生物肥料中功能微生物在土壤中发挥作用的关键在于其能很好地在土壤和作物根际定殖,定殖能力大小是微生物、土壤和作物相互作用的结果,是一个复杂的过程。

1)微生物定殖的研究方法

筛选出的功能性微生物接种到土壤或作物上,能快速高效地在土壤和作物中定殖是发挥其性能的关键,近年来关于微生物在土壤中定殖的研究方法较多,主要有耐药性标记法、DGGE 法、土壤缩影系统法、基因标记法、荧光蛋白(GFP)等研究方法。

耐药性标记法是微生物定殖研究中常用的研究方法。盛下放(2003)将 NBT 细菌耐药性标记,得到了可以有稳定的链霉素抗性标记的菌株,进而对耐药性 NBT 细菌在小麦根际的定殖情况进行了研究,无论是灭菌土壤还是不灭菌土壤,接种 NBT 菌株 9 d 后小麦根际土壤 NBT 细菌数量最高,未灭菌土壤中的数量高于灭菌土,随着时间的增加,NBT 细菌在根际土壤中的数量逐渐减少,在接种 NBT 菌株两个月后,小麦根际土壤 NBT 细菌趋向稳定,未灭菌土壤保持在 $3.1 \times$

10^3 CFU/g,灭菌土在 2.4×10^3 CFU/g。袁树忠(2006)通过抗利福平标记的方法对辣椒疫病生物防治菌株的定殖进行了研究,B100 在辣椒根部可以稳定定殖,并在 20 天后菌数达到最大值;刘庆丰(2012)通过抗生素标记对生防菌枯草芽孢杆菌 XF-1 在大白菜根际以及根际土壤的定殖进行了分析,结果表明 XF-1 可在大白菜根际以及根际周围土壤中成功定殖,定殖时间也较长,在根际周围土壤中 XF-1 定殖密度先上升后下降,土壤质量、菌液密度、温度等都可以影响 XF-1 在土壤中的定殖。吕德国(2008)采用土壤缩影系统对溶磷细菌在土壤中的定殖规律进行了研究,结果表明土壤中根部外来细菌对溶磷菌在根部定殖影响最大,随着时间的延长作物根部外来细菌的数量增多,溶磷菌在根部定殖密度呈现降低趋势。在研究微生物定殖情况时,两种或多种方法共同使用研究结果可能更加准确可靠。

随着研究的不断发展,现代生物技术的手段在研究微生物定殖中也发挥了作用。黎志坤(2010)通过 DGGE 的方法研究了番茄青枯病生防菌在番茄根际土壤的定殖情况,生防菌菌液处理过的土壤与纯培养菌株的 DGGE 图谱中优势条带相同,表明菌株在番茄根际成功定殖;胡小加(2004)运用基因标记技术研究了巨大芽孢杆菌在油菜根部定殖情况,菌株在油菜根部不同部位定殖能力有所差异,菌株在根部的密度从上到下逐渐递减,随着接种时间的延长,菌株的数量也减少。

绿色荧光蛋白(GFP)由于其在微生物体内的稳定性和易于检测特性,现在已发展成为研究微生物定殖规律的一个重要手段,研究应用也较广泛。李晓婷(2010)通过绿色荧光蛋白(GFP)标记法对溶磷菌 K3 在土壤中的定殖规律进行了研究,含有 GFP 标记的 K3 施入土壤中 K3 溶磷菌的数量随着时间的延长,逐渐减少,40 d 后在土壤中仍然可以检测到荧光,K3 在土壤中成功地定殖。Normander(1999)运用 GFP 标记技术对生防菌在大麦根际的定殖规律进行了研究。

2)影响微生物定殖的因素

近年来,人们对筛选出的一些功能菌株研究发现,在人工控制条件下可以发挥其特性,但施入土壤中或在作物根部接种,存在于原土壤或作物根系的土著微生物会与这些功能菌发生竞争,也有一些自身或者环境因素的影响,这些功能微生物在作物根部无法定殖生长,菌株自身的功能效果表现不出来(Kloepper,1980;杜立新,2004),因此研究微生物在作物根际土壤定殖的影响因素对微生物效能的发挥具有重要的意义。影响微生物在作物根际土壤定殖的因素有生物因素和非生物因素,生物因素主要有微生物自身的特性、植物、土著微生物的竞争等,非生物因素主要是土壤性质的不同(年洪娟,2010)。

微生物在土壤中定殖与自身的营养性质以及复杂的营养需求有关,根际营养物质的含量比根外的多,种类也多,微生物在不同根段定殖密度不同与营养基质的关系密切,胡小加发现细菌在油菜不同根段的定殖密度不同,在根段外 8 cm 基本检测不到接种菌的存在。作物对土壤微生物定殖的影响主要是品种和作物根系分泌物的不同。Kuske(2002)发现不同作物根际在土壤微生物结构和种类方面是有差异的,Smith 和 Goodman(1999)发现植物本身的基因特性对植物表面微生物的密度和种类有很大影响;根际微生物代谢活跃,所需的营养和能源主要依赖于根系分泌物和渗出物中的一些氨基酸、有机酸、维生素等物质;Lugtenberg 研究表明假单胞菌定殖以根系分泌的有机酸作为营养物质,Simons(1996)发现维生素 B_1 营养缺陷型突变的荧光假单胞菌在番茄根部定殖能力差。土著微生物与接入作物根系的功能微生物之间存在拮抗和竞争关系,会造成微生物在土壤作物根系的定殖受到影响。

土壤性质对微生物定殖的影响主要是土壤质地、土壤酸碱度、土壤温度和土壤含水量的不同。Lawance(1987)发现细菌在不同质地的土壤中定殖能力不同,在质地较轻的土壤中定殖能力大于质地重的土壤;Van Elsas(1991)研究表明,细菌在沙壤土上的定殖能力较强。酸碱度对微生物的生长代谢影响很大,对微生物在土壤中的定殖也受土壤酸碱度的影响。土壤温度对根系微生物定殖也有较大影响,土壤温度一方面影响根系的生长和分泌物的产生,另一方面影响土壤中微生物群落结构;Loper 等(1985)研究表明在较低温度下,接种荧光假单胞菌的土壤中其定殖密度增大;土壤中水分含量是维持作物生长和微生物生存必不可少的条件,也可在一定程度上影响微生物的定殖。

1.4.2 微生物肥料的应用及作用机理

微生物肥料由于其独特的特性,在蔬菜、果树、烟草和粮食生产方面应用极为广泛。王明友(2003)研究微生物菌肥对黄瓜产量和品质的影响中发现,微生物肥料能够增强黄瓜的光合作用,增加黄瓜的产量,黄瓜中维生素 C、还原糖等含量也增加,硝酸盐含量明显下降,品质明显改善;Hortencia(2007)等研究发现根际促生菌剂可以明显改善番茄果实大小和品质;陈丽媛(2000)发现 EM 可以有效防止作物的叶霉病、霜霉病;VA 菌根真菌可以增强作物抗病的能力(刘润进,2000);谢永平(2000)研究烟草专用微生物肥料对烟草产量和品质的影响,结果表明,烟草产量提高,烟叶的品质改善;杨延春(2003)研究生物肥料在棉花上的应用,发现棉籽发芽率提高,同时促进幼苗根系生长,抗逆性增强,棉铃脱落减少,产量增加。

微生物肥料在作物抗病、品质改善和增产方面都具有重要作用。微生物肥料的作用机理主要表现在以下几个方面:①各种微生物菌剂以及微生物肥料可以改善土壤的养分状况,增加土壤养分,提高土壤中养分的作物有效性;②菌剂或肥料中的微生物可以产生一些激素类物质,对植物的生长发育其调节作用。Zahera Abbass 和 Yaacor Okon(1993)发现一些共生的微生物产生了植物激素,促进了作物的生长;③菌剂或微生物肥料中的一些高效菌株对土壤中的病原微生物有拮抗作用(葛诚,1994),能减轻作物病害;④增强作物的抗逆性,有些微生物可以诱导作物产生抗逆相关的酶类(过氧化物酶、多酚氧化酶),有利于增强作物对逆境环境的适应能力。

1.4.3 溶磷微生物肥料

溶磷微生物肥料是将具有溶磷能力的一些微生物通过合适的吸附载体,按一定比例配制而成的。溶磷微生物肥料可以增加土壤有效磷含量,明显改善土壤磷素养分;溶磷微生物肥料在植物病害防治方面也有作用,菌剂施入作物根际土壤后,在根际周围迅速繁殖生长,成为根际优势菌株或菌群,可以对根际病害的微生物起到抑制或拮抗的作用,达到防治土传病害的目的;此外,溶磷微生物肥料中的菌株从土壤中分离筛选,再返回到土壤中,对环境无污染,具有高效环保作用,对维持土壤生态环境和微生物群落具有重要意义(冯月红,2003)。

1)溶磷微生物应用效果的研究

溶磷微生物肥料于 1947 年在苏联开始大量使用,施用含有巨大芽孢杆菌的肥料后,土壤中有效磷含量平均增加 15％以上;Kucey(1989)研究小麦根际土壤接种溶磷真菌效果,在黑钙土上接种溶磷真菌,小麦的产量和吸磷量也同时增加;我国将溶磷微生物做成肥料的研究起步于 20 世纪 50 年代,虽起步较晚,但是发展快,研究应用范围广。东北农学院将巨大芽孢杆菌做成菌肥,在不同土壤施用后作物产量都有不同程度的增加,最高增幅为 22.8％;刘荣昌(1993)分离得到一株溶磷欧文式菌属的菌株,制成菌剂在小麦和绿豆田间施用,绿豆增产显著,达到 23.8％,小麦也增产 10％左右;曾广勤将溶磷细菌菌剂应用于小麦田,也表现出了一定的增产效果;范丙全(2004)在不同磷水平的石灰性土壤上接种溶磷青霉菌并种植不同的作物,研究青霉菌对作物磷素的吸收和有效磷的影响,研究结果表明,在不同磷水平的土壤上接种溶磷青霉菌都可以提高作物的吸磷量和产量,在有效磷低的土壤上增产效果显著;溶磷青霉菌在不同磷水平的石灰性土壤上都能促进难溶态磷的活化和提高土壤磷素的利用效率;郝晶(2005)研究表明了溶磷细菌对油菜产量和品质有积极的作用,张建(2006)也得出了相同的结论;蒋欣梅(2012)将微生物溶磷菌肥应用在大棚茄子上,观察其对茄子生长和土壤磷素的影响,研究表明使用微生物解磷菌肥可以促进茄子对土壤磷素的利用。

以上研究结果表明溶磷微生物肥料在增产方面效果显著,除此之外,有些溶磷微生物肥料在促进作物生长方面也有一定的作用。Barea 筛选的 50 株溶磷细菌,有 45 株可以产生细胞分裂素,20 株可以产生生长素;Kumar 和 Narula 发现溶磷菌在诱变后能产生 IAA;刘微(2004)等发现溶磷细菌(PSB)对大豆根瘤形成有促进作用,并能促进大豆的生长发育和提高植株氮磷的含量;郜春花(2006)在山西石灰性土壤上接种解磷菌剂分别种植小麦、玉米和青菜,结果表明解磷菌菌剂可以增加作物产量和土壤有效磷含量,可以起到培肥土壤的作用;郑少玲(2006)研究了含有溶磷细菌生物有机肥对难溶态磷的转化,与不施肥相比,在肥力降低的土壤上含溶磷细菌生物有机肥处理能显著促进玉米生长和植株体内养分的提高,土壤有效磷含量也增加显著;李玉娥研究发现 5 株溶磷菌都可以产生 IAA,并且接种后苜蓿的生长和发育明显高于未接种溶磷菌的植株;胡晓峰(2012)通过盆栽试验得出溶磷菌生物有机肥可以促进玉米苗期生长和土壤磷素养分的吸收。

2)溶磷微生物肥料的发展趋势和面临的问题

溶磷微生物肥料的关键在于菌株,单菌株由于在土壤中定殖能力和溶磷能力方面的单一,在土壤中的效果有可能不明显甚至表现不出来,因此溶磷微生物肥料未来的发展趋势是多种无拮抗溶磷菌株组合在一起,并且尽可能是具有不同功能菌株(固氮、溶磷、解钾、抑制病害等)的组合体。不同种类的溶磷微生物对不同难溶态磷酸盐的溶磷效果差异较大(钟传青,2004),将各种无拮抗溶磷微生物组合起来,可以发挥各自的溶磷优势,在土壤中可以更好地达到溶磷的目的。吕学斌(2007)研究了不同溶磷菌株组合条件下的溶磷效果,发现其中有两株菌株组合起来的溶磷量较单菌株的溶磷量高,认为选择合适的菌株组合作为菌剂或肥料,对土壤溶磷效果起到更好的作用。

化学磷肥的大量施用,不仅造成磷矿资源的浪费,同时对生态环境和土壤环境带来严重的污染,溶磷微生物的研究在一定程度上有助于改善这一状况,因此从生态和环境来讲,溶磷微生物肥料具有很大的发展空间。溶磷微生物肥料在改善作物磷素营养、改善土壤环境方面有重要的作用,但是微生物肥料的发展比较缓慢,也面临许多难题。溶磷微生物种类繁多,溶磷机理也不尽相同且复杂多变,溶磷微生物在施入土壤后的溶磷能力发挥的条件等都难以明确;土壤中溶磷微生物最主要是细菌,细菌很容易变异导致溶磷能力降低或者退化(郝晶,2005),并且土壤中大多数溶磷微生物具有致病性,对作物和人体的安全性尚不明确。可以作为肥料的菌株有限,因此筛选高效安全的溶磷菌株是发展溶磷微生物有机肥的关键,探讨溶磷机理以及筛选合适的有机载体也是溶磷微生物肥料必不可少的,菌株在土壤中稳定定殖和能力的发挥是最重要的一环,溶磷微生物肥料的研究任重而道远。

1.5 微生物在采煤塌陷复垦土壤上的应用

中国的基本国情是人均耕地面积不足世界平均水平的 25%，人地矛盾极为突出，保护耕地是我国的一项基本国策（汤惠君，2004）；长期以来我国的煤炭产量居世界第一，大量的煤炭开采必然会造成地下出现采空区，地上部分出现塌陷，当前，全国因采煤地表塌陷而造成土地破坏总面积超过 400 万 hm^2，并且每年仍以3.3 万～4.7 万 hm^2 的速度快速增加（李新举等，2007）。我国人均耕地面积原本严重不足，煤矿开采又不可避免地对耕地造成破坏，同时会给地下水以及生活饮用水的安全带来隐患，矿区人民的正常生产、生活严重受到影响，矿区人地矛盾日趋尖锐（卞正富，2005），因此在采煤塌陷区开展土地复垦工作不仅能够保护矿区土地资源、缓解矿区人地矛盾、促进矿区农民增产增收，而且还能改善矿区生态环境，对矿区的和谐与可持续发展有非常重要的现实意义（李金岚，2011）。

在当前，矿区土地复垦中占较大比重的是通过工程措施达到土地复垦的目的，费用昂贵，将微生物对复垦土壤的修复技术引入矿区复垦土壤上，对于复垦成本的降低和矿区土壤微生物生态环境以及矿区植被的修复具有重要意义；毕银丽（2002）等研究表明在复垦土壤上接种丛枝菌根可以有效降低复垦成本；土壤微生物对重金属的活性也会产生影响，细胞表面有可变电荷和吸附重金属的吸附位点，通过静电吸附和专性吸附将土壤中重金属固定，也可以通过微生物的氧化还原作用使金属离子价态改变，金属离子的毒性降低（崔树军，2010）。

土壤微生物是反应土壤熟化程度的重要标志（Knight，1997），矿区复垦土壤微生物不仅数量上少，而且其活性也低（洪坚平，2000）；马彦卿（2001）研究在新复垦土壤中，真菌和放线菌基本没有，细菌也仅是熟土的 0.6% 左右；在新复垦土壤上种植作物，在作物上接种各种功能菌剂（根瘤固氮菌、菌根真菌、解磷钾菌菌剂等），有利于复垦土壤上微生物生态环境的修复，加速复垦土壤向农业耕作土壤的转化，有利于复垦土壤的快速培肥，目前在复垦土壤上应用较多的主要有 AM 菌根真菌，各种功能菌剂（根瘤固氮菌菌剂、解磷钾菌菌剂等）以及微生物菌剂和各种肥料的配合施用。

1.5.1 AM 菌根在复垦土壤上的应用效果

复垦土壤 N、P、K 等养分含量低，Chen（1996）等研究表明缺磷是复垦土壤最主要的限制因子；丛枝菌根对磷的吸收很敏感，AM 真菌可以增强作物对磷的吸收（王洪刚，1983）。AM 真菌可以增加土壤养分的植物有效性，胡振琪（2009）等研究

8 种丛枝菌根对内蒙古露天煤矿采煤塌陷复垦土壤上苜蓿养分吸收的影响,结果表明接种菌根后,苜蓿养分的吸收量显著增加;Tisdall(1979)研究发现接种菌根土壤的物理性状好于未接种菌根的土壤,认为菌根对土壤结构的改善有重要作用;马彦卿(2001)在复垦土壤上种植豆科植物,在接种根瘤菌后,大豆鲜重和豆荚总数分别比不接种根瘤菌增加了 101%,65.6%,大豆、玉米在接种 VA 真菌后,侵染率增加,各项指标也明显好于对照;Daft 和 Hacskey(1976,1977)从矿区土壤中筛选内生菌根并将其接种到矿区废弃地原有的植物上,植株存活能力增强,植株吸收养分的能力也增强;Noyd(1996)等在矿渣地上种植牧草并接种 AM 菌根真菌,牧草生长良好,达到了修复矿渣地的目的;在复垦土壤上接种菌根真菌不仅可以使作物吸收养分增加,减轻 Na 盐和 Mn 的毒害作用;毕银丽(2002)通过盆栽试验在复垦土壤上种植玉米,发现接种丛枝菌根后玉米植株吸收 N、P、K 等营养元素的量增加,Na 和 Mn 元素的吸收减少,有助于玉米植株的生长发育,王红新(2007)在矿区复垦土壤上种植玉米并接种丛枝菌根,也证明了这一结论。

1.5.2 微生物菌剂在复垦土壤上的应用

微生物菌剂主要有溶磷菌菌剂、解钾菌菌剂、根瘤固氮菌菌剂,微生物菌剂接种在复垦土壤植物上,也可以增强土壤养分的作物有效性,各种微生物菌剂在土壤中迅速定殖在根际成为根际周围的优势种群,有利于复垦土壤微生物生态系统的重建,对土壤养分和作物生长有积极的促进作用,加速复垦土壤向耕作土壤的转化。马彦卿(2001)在复垦地上种植玉米联合接种 N、P、K 细菌菌剂,玉米品质改善,产量增加;栗丽(2010)通过盆栽试验研究了生物菌肥对复垦土壤微生物及油菜产量和品质的影响,结果表明施用生物菌肥在采煤塌陷复垦土壤上,土壤酶活性和生物活性显著增强,同时油菜的产量和品质也明显改善;李金岚(2010)研究了菌肥对复垦土壤酶活性的影响,结果表明,生物菌肥可以增加土壤酶活性。

1.5.3 微生物菌剂与其他肥料配施在复垦土壤上的应用

在复垦土壤上养分匮乏,土壤微生物活性较低,单单通过微生物菌剂或者 AM 真菌对土壤的改良作用和作物的增产增效不是很明显,微生物菌剂与 AM 真菌以及其他肥料的配合施用,对复垦土壤的熟化和作物产量的增加效果会更好,更适合采煤塌陷区土地复垦。梁利宝(2010)等研究了在不同施肥处理措施下,采煤塌陷区复垦土壤的熟化程度,结果表明,有机、无机、生物肥料混合施用,土壤理化性状和生物活性好于单施有机肥或无机肥,尤其在有效氮磷,有机质,微生物 C、N 和蔗糖酶、脲酶增加效果显著,三种肥料混合施用有助于土壤的快速培肥和熟化;胡可(2011)研究了复合菌剂和缓释肥配合在复垦土壤上施用后对微生物生态影响,菌剂与缓释肥配合施用,复垦土壤上细菌真菌和放线菌数量显著增加,Shannon 指数、Mcintosh 指数等也显著性提高,对复垦土壤生态恢复有积极的促进作用;李金岚(2010)运用 PLFA 法对复垦土壤的微生物群落结构进行了研究,结果表明有机无机肥混合施用下土壤细菌和真菌的 PLFA 显著增加;李建华(2011)在矿区复垦土壤上种植白三叶草并接种菌根真菌和根瘤菌,发现有机肥与菌剂配合施用能够增加植物对 N、P、K 的吸收,并且促进三叶草的生长,在矿区土地复垦中应该菌剂与有机肥料共同配合施用;陈芬(2012)通过 Hedley P 分级研究了不同施肥处理对采煤塌陷复垦土壤各形态磷的影响。无机＋有机＋生物菌肥可以显著提高土壤中的活性态磷和中等活性态磷;胡可(2012)研究表明菌剂与腐殖酸配施可以增加复垦土壤上细菌、真菌和放线菌的数量,同时也可以促进作物对养分的吸收和作物的产量。

1.6　研究价值及创新

1.6.1　研究意义及主要研究内容

磷是限制作物生长的第二大营养要素,由于土壤中可供植物吸收利用的可溶性磷容易与 Ca^{2+}、Fe^{3+}、Al^{3+} 等结合,转化为植物不可吸收的难溶性磷酸盐(Chen Y P,2006),在北方石灰性土壤上这种现象表现得尤为突出,土壤中全磷含量很高,含量在 $0.57 \sim 0.79$ g/kg,高的可达 0.87 g/kg 以上,但能被作物吸收利用的有效磷含量很低。山西省土壤属于典型的石灰性土壤,对土壤中存在的溶磷微生物进行研究,一方面有助于增加土壤中磷素的作物有效性,促进作物生长;在一定程度上可以减少磷肥的施用量,对土壤微生物生态系统的可持续发展具有积极的作用(Hameeda,2008;邵玉芳,2007;Mamta,2010;Hanane,2008)。

山西作为产煤大省,煤炭大量开采后地下部分出现采空区,极易发生塌陷和地质灾害;最新数据显示,山西全省的煤矿采空区超过 2 万 km^2,每年新增塌陷区面积超过 90 km^2,是全国采煤矿区土地塌陷最严重的省份之一(王巧妮等,2008)。近 10 年来随着我国经济的高速发展,人地矛盾日益突出,18 亿亩耕地红线面临严峻的挑战,采煤塌陷土地复垦迫在眉睫,然而采煤塌陷被破坏的土地压实严重、肥力低、微生物种类和数量少(Bi and Hu,2000),土地复垦难度很大,土地复垦的关键在于土壤肥力的提高(胡振琪,1995),复垦土壤肥力的关键在于土壤磷素养分的提高(Chen,1998),因此在复垦土壤上研究磷素对于土地复垦具有重要的意义。

复垦土壤上养分极度缺乏,施用磷肥等化学肥料后,土壤会对磷素有较强的吸附作用,结果磷肥施用效果不佳,研究溶磷微生物菌剂以及溶磷微生物有机肥在复垦土壤上的应用效果,对于提高复垦土壤磷素和增加土壤磷的作物有效性有积极的作用,并且可以在一定程度上提高磷肥的施用效果和利用率。溶磷微生物在复垦土壤上的应用属于微生物复垦技术的一类,微生物复垦技术在降低复垦成本和避免土壤生态环境被二次污染中具有重要的作用,目前丛枝菌根真菌(AM)在复垦土壤上广泛应用并取得巨大的成功,加快了复垦土壤向耕作土壤的转化。关于溶磷菌剂以及溶磷生物有机肥在复垦土壤上的研究也有报道,但是溶磷微生物在复垦土壤上的定殖规律和溶磷微生物在复垦土壤上效能有效发挥的研究报道较少。本文中对山西省筛选出来的对各种难溶态磷具有高效溶解作用的细菌,经过拮抗试验进一步筛选出无拮抗的组合溶磷细菌菌株,并对组合溶磷细菌菌株对复垦土壤上溶磷微生物数量的影响进行了研究,提出了在复垦土壤上提高溶磷微生物数量的有效方法;将组合溶磷细菌菌株进行高密度发酵,发酵液与鸡粪和草炭吸附制成溶磷细菌生物有机肥,通过室内培养、盆栽试验和大田试验研究溶磷细菌生物有机肥在复垦土壤上的应用效果,为溶磷微生物在复垦土壤上的应用及推广提供理论依据和技术支撑。

本书研究内容主要有:

(1)对从山西10个地市44个县区采集的440个土样中的溶磷细菌进行筛选和鉴定,并就溶磷细菌对各种难溶态磷酸盐(磷酸三钙、磷酸铁、磷酸铝和磷矿粉)溶解能力进行测定。

(2)研究石灰性土壤一株典型溶磷细菌的溶磷特性及产酸特性。

(3)组合溶磷细菌培养条件的优化。

(4)室内培养法研究溶磷细菌在复垦土壤上对土壤溶磷细菌数量及对土壤磷素吸附解析的影响。

(5)通过盆栽油菜试验和大田玉米试验研究组合溶磷细菌在采煤塌陷复垦土壤上的应用效果。

1.6.2　本研究的科学价值及创新性

山西是煤炭开采大省,煤炭的大量开采造成了大量的沉陷区,对采煤沉陷区进行土地复垦是国家和省政府的重大战略决策,土地复垦的关键在于提高土壤肥力,其中关键限制因子之一为磷素养分,本研究通过筛选石灰性土壤中的溶磷细菌,并对其特性进行分析,最后研究溶磷细菌在复垦土壤上的应用,为采煤沉陷区土地复

垦提供理论和实践的基础,尤其是为提高复垦土壤磷素自身有效性及化学磷肥利用率具有一定的开创性,本书的创新性主要表现在:

(1)国内关于拉恩氏溶磷细菌溶磷及产酸特性的研究未见报道,本试验从山西石灰性土壤中筛选出高效解磷的拉恩氏菌,并且对拉恩氏菌进行形态、生化、分子生物学鉴定,以及溶磷产酸特性的研究。

(2)本试验在采煤塌陷区复垦土壤上应用的溶磷细菌是拉恩氏菌＋假单胞菌1＋假单胞菌2的菌株组合,组合菌株可以在一定程度上克服单菌株在土壤中定殖能力差、溶磷效果发挥不好的劣势。

(3)溶磷细菌在采煤塌陷复垦土壤的应用研究方面,通过实验研究得出溶磷细菌与基质(有机肥)、葡萄糖、尿素混合施用,可以使土壤中溶磷细菌的数量显著增加,并且对复垦土壤磷素有效性具有重要作用。

2　试验材料与方法

2.1　研究区概况

本研究中大田试验区位于山西省襄垣县玉桥镇洛江沟村,属潞安集团五阳煤矿井田范围,地处北纬 36°27′16″,东经 113°00′56″,属低山丘陵地带,平均海拔 970 m,属暖温带半湿润大陆性季风气候;年平均气温 9.5℃,年平均降水量 532.8 mm,无霜期 160 d。该村土壤由于煤矿开采而发生塌陷,采用表土剥离复垦技术将土地复垦,种植作物主要是玉米。盆栽试验的土壤也来自于该区域。

2.2　供试材料

溶磷细菌分离培养基(PVK):葡萄糖 10 g,$(NH_4)_2SO_4$ 0.5 g,$MgSO_4 \cdot 7H_2O$ 0.3 g,KCl 0.3 g,NaCl 0.3 g,$FeSO_4 \cdot 7H_2O$ 0.03 g,$MnSO_4 \cdot 4H_2O$ 0.03 g,$Ca_3(PO_4)$ 25 g,蒸馏水 1 000 mL,调节 pH 为 6.5~7.5,固体培养基加 18~20 g 琼脂。

溶磷细菌筛选培养基(NBRIP):葡萄糖 10 g,$MgCl_2$ 5 g,$(NH_4)_2SO_4$ 0.1 g,$MgSO_4 \cdot 7H_2O$ 0.25 g,KCl 0.2 g,$Ca_3(PO_4)_2$ 5 g,蒸馏水 1 000 mL,调节 pH 为 6.5~7.5,固体培养基加 18~20 g 琼脂。

溶磷细菌保存和活化培养基:牛肉膏 5 g,蛋白胨 10 g,氯化钠 5 g,蒸馏水 1 000 mL,调节 pH 为 6.5~7.5,固体培养基加 18~20 g 琼脂。

试验用溶磷细菌菌株均来自于实验室分离筛选鉴定后的菌株。

本试验供试肥料主要有无机肥为复合肥,含 N:20%、P_2O_5:15%、K_2O:5%;尿素(含氮 46%),磷酸二氢钾(含 P_2O_5 51.9%,含 K_2O 34.5%),硫酸钾(含 K_2O 54.0%)。

本试验供试菌肥由山西农业大学资源环境学院提供,主要添加解磷菌 6.5×10^8(CFU/g)。由山西省阳泉市惠容生物肥料有限公司加工。

本试验供试基质为腐熟好的鸡粪,其中含有机质 38.9%,含 N 2.15%,含 P_2O_5 1.06%,K_2O,1.31%。

本试验供试作物为盆栽试验油菜,品种为四月蔓,生育期 40～50 d;大田试验为玉米(*Zea mays* L.),品种为先玉 335。

2.3　试验设计与方法

因试验目的不同,试验设计与方法详见各章。

2.4　试验统计方法

使用统计软件 SPSS 16.0 和 Excel 2003 计算溶磷细菌溶磷能力、土壤养分等指标的测定值的平均数、标准差。根据方差分析和多重比较结果确定各指标的差异显著性。

3 石灰性土壤溶磷细菌的分离筛选和鉴定

  磷是作物生长最主要的元素之一,是作物产量提高不可或缺的元素,北方石灰性土壤,全磷含量很高,均在 0.57~0.79 g/kg,由于其特有的理化性状,土壤大部分磷与游离碳酸钙形成难溶性的磷酸钙盐,能被作物吸收利用的有效磷含量很低;磷肥施入土壤后利用率低,大部分累积于土壤中,因此对土壤潜在的磷库资源进行挖掘,将土壤难溶态磷转化为可以被作物吸收利用的有效磷是农业研究的一个热点。

  土壤尤其是作物根系分布着大量具有溶磷能力的微生物,最主要是细菌,也有少量的真菌和放线菌(李文红,2006;朱培淼,2007),可以将土壤中难溶态磷酸盐转化为有效磷,这些微生物对土壤磷的活化作用对于提高磷肥的利用率、减少磷肥的施用量、土壤生态环境的改善和作物增产方面具有重要的意义,筛选高效溶磷菌株是发挥这一作用的关键。因此本研究从山西 10 个地市 44 个县区的农田、蔬菜大棚采集 0~20 cm 的石灰性土样 440 个,对这些不同地方的石灰性土壤样品进行溶磷细菌的分离,并对筛选出的菌株通过溶磷圈法和摇瓶培养的方法对其溶磷能力进行测定,进一步复筛出具有高效溶磷能力的菌株,最终对这些菌株进行生理生化和 16sRNA 进行鉴定,确定其种属。

3.1 试验设计与分析项目

3.1.1 土样采集

  从山西 10 个地市 44 个县区的农田、蔬菜大棚等土壤采集 0~20 cm 的石灰性土样 440 个,除去植物根系和杂草,保存于 4℃冰箱,待分离备用,采样点分布如图 3-1所示。

图 3-1　溶磷细菌筛选土壤采样点(县、市、区)分布示意图
Fig. 3-1　Phosphorus bacteria screening of soil sampling points(county,city,
district)distribution diagram

3.1.2　溶磷细菌的分离筛选

称取 10 g 新鲜土样放在有 90 mL 无菌水的 250 mL 三角瓶中,在摇床上振荡 30 min,用 10 倍稀释法分别稀配制成 10^{-2}、10^{-3}、10^{-4}、10^{-5}、10^{-6}、10^{-7} 的土壤悬

浊液,将 10^{-4}、10^{-5}、10^{-6}、10^{-7} 的土壤悬浊液分别涂布在分离培养基平板上,倒置于培养箱中,28℃培养 3～5 d,待菌落长出后,观察在平板上是否产生溶磷圈对菌株进行初步的筛选;在平板培养基上多次划线纯化后,对在平板上仍产生透明圈层的菌株,将其保存于细菌培养基斜面上,放置于 4℃冰箱。

3.1.3 分析项目

3.1.3.1 溶磷细菌溶磷能力的测定

(1)溶磷细菌的活化和菌悬液的制备。将分离纯化的菌株在活化培养基上培养 48 h,接入 100 mL 无菌水中,充分振荡摇匀,制成菌悬液,菌数大于 10^8 CFU/mL。

(2)摇瓶培养。在 250 mL 三角瓶中加入 100 mL 已灭菌的 NBRIP 液体培养基,将上述菌悬液按照 1%的接种量接入,30℃ 150 r/min 振荡培养。培养 7 d 后,测定培养液有效磷含量,并设置不接菌处理,每个处理重复 3 次,菌株溶磷量为接菌培养液有效磷含量与不接菌培养液有效磷含量的差值。

(3)培养液有效磷含量的测定。将培养 7 d 的发酵液于 4℃,6 000 r/min 的条件下离心 10 min,取上清液 5 mL 于 250 mL 三角瓶中,加入 0.5 mol/L NaHCO₃ 50 mL,在 180 r/min 的振荡机上振荡 30 min 后过滤,吸滤液 1 mL 于 50 mL 容量瓶中,加蒸馏水至 35 mL 左右,再加钼锑抗显色液 5 mL,显色后定容且摇匀,静置 30 min 后在 700 nm 条件下比色测定,将离心后的培养液直接用 pH 计测定。

(4)溶磷细菌对难溶态磷酸盐(磷矿粉、磷酸铁、磷酸铝)溶解能力的测定。在 250 mL 三角瓶中加入 100 mL 已灭菌的 NBRIP 液体培养基(不含磷酸三钙)和难溶态磷酸盐,加入量为 5 g/L,接种溶磷细菌悬浮液 1 mL,于 30℃、150 r/min 振荡培养。培养 7 d 后取发酵液在 4℃ 6 000 r/min 离心 10 min,取上清液测定发酵液中有效磷的含量和 pH,并设置不接菌处理,每个处理重复 3 次。

3.1.3.2 溶磷细菌形态观察和生理生化特性

参照《伯杰氏细菌鉴定》手册以及《土壤与环境微生物研究法》中关于细菌鉴定的基本方法,对细菌的形态进行观察(菌落性状、大小和革兰氏染色)等,对其生理生化特性(碳源的利用,葡萄糖氧化产酸,接触酶,氧化酶,V-P,M-R,淀粉水解,明胶液化,脲酶反应,柠檬酸盐,丙二酸盐,硝酸盐)进行试验和观察。

3.1.3.3 溶磷菌菌株的 16sRNA 序列的测定

溶磷细菌菌株送至上海生工生物工程有限公司测定完成,其方法如下:

1）细菌 DNA 的提取

将菌株在牛肉膏蛋白胨培养基平板上培养活化 24 h，按照生工 SK1201-UNIQ-10 柱式细菌基因组 DNA 抽提试剂盒说明书提取细菌组 DNA。

2）PCR 扩增

①引物序列

引物 1：7f(5′-CAGAGTTTGATCCTGGCT-3′)

引物 2：1540r(5′-AGGAGGTGATCCAGCCGCA-3′)

引物序列由上海生物有限公司合成。

②PCR 反应体系组成：PCR 扩增体系为 25 μL，反应体系组成如表 3-1 所示。

表 3-1　PCR 反应体系组成

Tab. 3-1　the consist of PCR reaction system

成分(ingredient)	含量(content)/μL	成分(ingredient)	含量(content)/μL
Template(基因组)	1.0	dNTP	0.5
引物 1	0.5	Taq (5 U/)	0.2
引物 2	0.5	ddH₂O	19.8
		10 * Taq reaction Buffer	2.5

③PCR 扩增反应条件：94℃条件下预变性 DNA 5 min，在此温度条件下变性 30 s；55℃退火 35 s，72℃延伸 60 s，循环 35 次，延伸 8 min。

3）PCR 产物的检测

反应完成后，PCR 扩增产物通过 1‰琼脂糖凝胶电泳进行检测。

4）16S rDNA 序列的测定和分析

将 13 株溶磷细菌测序获得的 DNA 序列输入 GenBank，用 BLAST 程序与 Genbank 数据库中的所有序列进行比较分析。

3.2　结果与分析

3.2.1　溶磷菌的分离和初筛

通过对 440 个土样进行溶磷细菌的分离，初步分离出具有溶磷圈的细菌菌株 147 株，分离出溶磷细菌的样品采集地及数量如表 3-2 所示。

表 3-2　分离出溶磷菌土样采集地,作物类型及分离出的菌数
Tab. 3-2　Phosphate solubilizing bacteria collected soil samples,crop type and number

样品采集地(the site of sample collection)	作物种类(crops)	分离出溶磷菌的数量(isolated phosphorus bacteria number)	样品采集地(the site of sample collection)	作物种类(crops)	分离出溶磷菌的数量(isolated phosphorus bacteria number)
大同南郊	大棚	2		果树	1
	菜地	2	临汾河津	玉米	3
朔城区	玉米	5		菜地	2
	菜地	1	临汾闻喜	小麦	5
忻州定襄	玉米	5	运城平陆	小麦	7
	大棚	2		果树	2
	菜地	2	晋中太谷	玉米	15
忻州五寨	玉米	4		大棚	4
	土豆	2	晋中寿阳	玉米	8
忻州岢岚	玉米	3		西红柿	5
太原清徐	玉米	4	晋中榆次	玉米	8
长治屯留	大棚	2		大棚	2
	玉米	6	晋中祁县	玉米	9
长治长子	红薯	2		菜地	4
晋城高平	菜地	3		红薯	6
	玉米	5	晋中平遥	果树	2
吕梁孝义	玉米	4		玉米	10

由表 3-2 可知,玉米和小麦土壤上分离出的溶磷菌的数量多于其他作物,这是因为在玉米和小麦等大田作物上施用化肥的量大于菜地和大棚,大量的化肥尤其是磷肥的施用,在石灰性土壤上大部分磷肥被固定,形成难溶态磷,为了维持土壤磷素的平衡和作物对磷素的需求,土壤中存在的一些溶磷微生物比较活跃,并且在磷酸钙固体平板上筛选的溶磷菌以溶解难溶态无机磷为主,因此数量也多。

3.2.2　溶磷细菌的筛选

1)溶磷细菌的复筛

将初步筛选出的 147 株溶磷细菌分布接种在磷酸三钙液体培养基中,测定培养液中有效磷含量,菌株在培养液中有效磷含量如表 3-3 所示。由表 3-3 可知,各菌株对磷酸三钙的溶解能力差异较大,培养液中有效磷含量在 34.0～563.5 mg/L,溶磷能力最大的为菌株 W137,为 563.5 mg/L,比空白增加了 532.1 mg/L;其次是 W134,比不接菌培养液中有效磷含量增加了 14.4 倍;W92 溶磷能力最小,为 34.0 mg/L。

147 株溶磷细菌中在磷酸三钙培养液中溶磷量大于 200 mg/L 的有 25 株,将 25 株溶磷细菌经过 5 次分离纯化后,有 12 株溶磷能力显著降低甚至丧失溶磷能力,最终筛选出遗传稳定且对磷酸三钙溶解能力仍然大于 200 mg/L 的细菌 13 株。

表 3-3　溶磷细菌在磷酸三钙培养液中的有效磷含量

Tab. 3-3　the available phosphate content of phosphate solubilizing bacteria in tricalcium culture medium

溶磷菌株 (strains)	培养液有效磷含量 (the content of available phosphorus) /(mg/L)	溶磷菌株 (strains)	培养液有效磷含量 (the content of available phosphorus) /(mg/L)	溶磷菌株 (strains)	培养液有效磷含量 (the content of available phosphorus) /(mg/L)
W1	129.2	W35	140.5	W69	153.8
W2	97.8	W36	123.5	W70	60.7
W3	115.5	W37	117.8	W71	95.3
W4	316.5	W38	206.0	W72	51.9
W5	114.4	W39	218.9	W73	94.0
W6	132.6	W40	158.8	W74	248.1
W7	354.5	W41	221.4	W75	155.0
W8	240.0	W42	65.7	W76	173.0
W9	362.5	W43	120.8	W77	120.8
W10	359.9	W44	209.8	W78	107.9
W11	400.6	W45	68.6	W79	216.4
W12	386.3	W46	130.8	W80	37.7
W13	397.3	W47	229.0	W81	170.5
W14	103.0	W48	147.5	W82	133.3
W15	161.0	W49	140.9	W83	56.9
W16	117.8	W50	102.8	W84	64.5
W17	174.6	W51	106.6	W85	173.0
W18	187.1	W52	163.9	W86	129.6
W19	165.5	W53	49.4	W87	42.8
W20	242.8	W54	139.6	W88	74.9
W21	154.1	W55	35.2	W90	212.3
W22	154.1	W56	162.6	W92	34.0
W23	140.5	W57	163.9	W94	73.6
W24	263.2	W58	94.0	W95	128.3
W25	405.5	W59	65.7	W97	73.6
W26	435.3	W60	201.0	W99	129.6
W27	362.6	W61	78.6	W102	84.9
W28	316.5	W62	73.6	W104	161.3
W29	111.0	W63	110.4	W117	74.9
W30	126.9	W64	42.8	W125	63.2
W31	129.2	W65	157.6	W134	509.6
W32	151.9	W66	72.3	W137	583.5
W33	213.2	W67	194.7	W146	67.0
W34	105.3	W68	68.6	W147	76.1
空白	31.4	空白	31.4	空白	31.4

2)13 株溶磷细菌在磷酸三钙固体平板上的溶磷能力

经过多次筛选得到的 13 株溶磷细菌的溶磷圈及溶磷能力如表 3-4 所示。

表 3-4 溶磷细菌在磷酸三钙固体平板上溶磷圈与溶磷能力

Tab. 3-4 Phosphorus circle and the ability dissolved phosphorus of phosphorus bacteria in tricalcium medium

溶磷菌株 （strains）	菌落直径 d/cm	溶磷圈直径 D/cm	D/d 值	溶磷能力 (the ability of dissolving phosphorus) /(mg/L)
W4	1.40	2.25	1.61	296.5
W7	1.50	2.10	1.40	324.5
W9	1.10	2.50	2.27	353.5
W10	0.85	2.25	2.65	352.9
W11	0.75	2.00	2.67	390.6
W12	0.90	1.40	1.56	356.3
W13	1.30	2.55	1.96	367.3
W25	1.00	2.20	2.20	385.5
W26	1.00	1.60	1.60	424.3
W27	0.80	2.10	2.63	341.6
W28	1.00	1.20	1.20	296.5
W134	0.95	2.25	2.37	484.6
W137	0.86	2.40	2.79	563.5
空白				31.0

由表 3-4 可知,13 株溶磷细菌在磷酸三钙固体平板上点种后都出现了溶磷圈,溶磷圈直径(D)与菌落直径(d)的比值在 1.20～2.79,其中 W137 菌株 D/d 值最大,为 2.79,W28 菌株 D/d 值最小,为 1.20;13 株溶磷细菌在磷酸三钙液体培养基中的溶磷能力在 296.5～563.5 mg/L,W137 对磷酸三钙的溶解能力最强,为 563.5 mg/L。

3)13 株菌株对磷矿粉的溶解能力

13 株溶磷细菌在磷矿粉培养液中有效磷含量如表 3-5 所示。由表可知,各菌株对磷矿粉都有一定的溶解能力,各菌株在磷矿粉培养液中的有效磷含量在 8.13～21.27 mg/L,对磷矿粉溶解能力最大的是 W137,培养液有效磷含量为 21.27 mg/L;W25 次之,为 20.27 mg/L;W10、W11、W27、W134 溶磷能力也都在 16 mg/L 以上,W4 和 W28 溶解磷矿粉能力较差,仅为 8.13 和 8.88 mg/L。

表 3-5　溶磷细菌对磷矿粉溶解能力及培养液 pH

Tab. 3-5　the solubilizing ability of phosphorus solubilizing bacteria on phosphate rock

解磷菌株 （strains）	培养液有效磷含量 （the content of available phosphorus) /（mg/L）	比对照增加倍数 （multiple compared with control）	溶磷能力 （the ability of solubilizing phosphorus) /（mg/L）	培养液 pH （medium pH）
W4	8.13	1.92	5.35	5.47
W7	11.14	3.01	8.36	5.55
W9	10.02	2.60	7.24	5.48
W10	18.53	5.67	15.75	5.31
W11	19.48	6.01	16.70	5.12
W12	9.86	2.55	7.08	5.42
W13	10.50	2.78	7.72	5.45
W25	20.27	6.29	17.49	5.33
W26	12.08	3.34	9.30	5.54
W27	17.99	5.47	15.21	5.35
W28	8.88	2.19	6.10	5.58
W134	16.35	4.88	13.57	5.28
W137	21.27	6.65	18.49	5.01
空白	2.78			7.52

4）13 株菌株对磷酸铁的溶解能力

13 株溶磷细菌在磷酸铁培养液中有效磷含量如表 3-6 所示。由表可知,不同菌株对磷酸铁的溶解能力各不相同,各菌株对磷酸铁都有一定的溶解能力,各菌株的溶磷能力与不接菌相比,差异显著。13 株溶磷细菌对磷酸铁的溶磷能力在 88.54～223.84 mg/L,W25 的溶解磷酸铁的能力最强,培养液有效磷含量为 223.84 mg/L,与其他菌株对磷酸铁的溶磷能力相比,差异显著;W10 和 W27 的溶磷能力也较高,分别为 173.38、169.45 mg/L。W4、W7 和 W28 对磷酸铁的溶磷能力较差,分别比不接菌分别增加了 0.76、0.92、0.99 倍。

5）13 株菌株对磷酸铝的溶解能力

13 株溶磷细菌在磷酸铝培养液中有效磷含量如表 3-7 所示。由表可知接种菌液后,13 株溶磷细菌培养液中有效磷含量在 66.91～106.95 mg/L,菌株 W25 培养液中有效磷含量最高,比空白增加了 2.07 倍,对磷酸铝的溶解能力为 72.07 mg/L,菌株 W4 和 W28 培养液中有效磷含量较低,分别比空白增加了 0.92 和 1.01 倍,对磷酸铝的溶解能力较差。

表 3-6 溶磷细菌对对磷酸铁溶解能力

Tab. 3-6 the solubilizing ability of phosphorus solubilizing bacteria on phosphate iron

解磷菌株 （strains）	培养液有效磷含量 （the content of available phosphorus）/（mg/L）	比对照增加倍数 （multiple compared with control）	溶磷能力 （the ability of solubilizing phosphorus）/（mg/L）
W4	88.54	0.76	38.33
W7	100.09	0.99	49.88
W9	116.17	1.31	65.96
W10	173.38	2.45	123.17
W11	135.86	1.71	85.65
W12	112.89	1.25	62.68
W13	114.84	1.29	64.63
W25	223.84	3.46	173.63
W26	103.45	1.06	53.24
W27	169.45	2.37	119.24
W28	96.63	0.92	46.42
W134	126.93	1.53	76.72
W137	149.54	1.98	99.33
空白	50.21		

表 3-7 溶磷细菌对磷酸铝的溶解能力

Tab. 3-7 the solubilizing ability of phosphorus solubilizing bacteria on phosphate aluminum

解磷菌株 （strains）	培养液有效磷含量 （the content of available phosphorus）/（mg/L）	比对照增加倍数 （multiple compared with control）	溶磷能力 （the ability of solubilizing phosphorus）/（mg/L）
W4	66.91	0.92	32.03
W7	74.23	1.13	39.35
W9	80.73	1.31	45.85
W10	95.61	1.74	60.73
W11	93.09	1.67	58.21
W12	82.22	1.36	47.34
W13	83.01	1.38	48.13
W25	106.95	2.07	72.07
W26	84.46	1.42	49.58
W27	92.41	1.65	57.53
W28	70.14	1.01	35.26
W134	80.15	1.30	45.27
W137	88.06	1.52	53.18
空白	34.88		

3.2.3　13 株溶磷细菌的形态观察和生理生化鉴定

1)溶磷细菌形状、菌落形态以及革兰氏染色

13 株溶磷细菌形态特征如表 3-8 所示。

表 3-8　溶磷细菌形态特征

Tab. 3-8　Phosphorus bacteria morphology

菌株编号 （strains）	菌体形状 （shape）	革兰氏染色 （Gram）	菌落形态（morphology）
W4	细长短杆状,无芽孢	G⁻	直径 3～4 mm,透明,湿润,有突起
W7	短杆状,无芽孢	G⁻	直径 2～3 mm,透明,湿润,有突起
W9	细长短杆,无芽孢	G⁻	直径 3～4 mm,半透明,湿润,边缘整齐
W10	长杆,无芽孢	G⁻	直径 1～2 mm,乳白色,菌落较小
W11	长杆状,有芽孢	G⁺	直径 4～5 mm,菌落较大,不透明,表面粗超
W12	杆状,无芽孢	G⁻	直径 3～4 mm,半透明,湿润,边缘整齐
W13	长杆状,无芽孢	G⁻	直径 2～3 mm,半透明,湿润
W25	短杆状,无芽孢	G⁻	直径 1～1.5 mm,乳白色,表面湿润
W26	细长短杆,无芽孢	G⁻	直径 3～4 mm,透明边缘整齐
W27	短杆状,无芽孢	G⁻	直径 1 mm,乳白色,边缘不整齐,表面凸起
W28	短杆状,无芽孢	G⁻	直径 2～3 mm,半透明,表面凸起,边缘整齐
W134	短杆状,无芽孢	G⁻	直径 0.5～1 mm,黄色,表面干燥,无凸起
W137	短杆状,无芽孢	G⁻	直径 0.5～1 mm,黄色,表面干燥,无凸起

2)不同温度对 13 株溶磷细菌生长的影响

不同温度下溶磷菌生长情况如表 3-9 所示。

3)13 株溶磷细菌生理生化试验

菌株 W4、W7、W9、W10、W11、W12、W13 生理生化试验如表 3-10 所示,菌株 W25、W26、W27、W28、W134、W137 生理生化试验如表 3-11 所示。

表 3-9　不同温度下溶磷细菌生长情况

Tab. 3-9　Phosphorus bacteria growth at different temperatures

菌株编号	温度（temperature）/℃						
（strains）	4	20	25	30	37	40	50
W4	－	＋	＋＋	＋＋＋	＋＋＋	＋＋	－
W7	－	＋	＋＋	＋＋＋	＋＋＋	＋＋	－
W9	－	＋	＋＋	＋＋＋	＋＋＋	＋＋	－
W10	－	＋	＋＋	＋＋＋	＋＋＋	＋＋	－
W11	＋	＋	＋＋	＋＋＋	＋＋＋	＋＋	－
W12	－	＋	＋＋	＋＋＋	＋＋＋	＋＋	－
W13	－	＋	＋＋	＋＋＋	＋＋＋	＋＋	－
W25	－	＋	＋＋	＋＋＋	＋＋＋	＋＋	－
W26	－	＋	＋＋	＋＋＋	＋＋＋	＋＋	－
W27	－	＋	＋＋	＋＋＋	＋＋＋	＋＋	－
W28	－	＋	＋＋	＋＋＋	＋＋＋	＋＋	－
W134	＋	＋	＋＋＋	＋＋＋	＋＋	－	－
W137	＋	＋	＋＋＋	＋＋＋	＋＋	－	－

"－"表示不生长，"＋"表示可以生长，"＋＋"表示生长较好，"＋＋＋"表示生长最好。

表 3-10　溶磷细菌生理生化特征

Tab. 3-10　The physiological and biochemical characteristics of phosphorus bacteria

测定项目（items）	W4	W7	W9	W10	W11	W12	W13
碳源利用							
葡萄糖	＋	＋	＋	＋	＋	＋	＋
蔗糖	＋	＋	＋	＋	＋	＋	＋
甘露醇	＋	＋	＋	＋	＋	＋	＋
乳糖	－	＋	＋	＋	＋	＋	＋
淀粉	－	－	－	－	－	－	－
葡萄糖氧化产酸	＋	＋	＋	＋	＋	＋	＋
V-P	＋	＋	＋	＋	＋	＋	＋
M-R	－	－	－	－	－	－	－
接触酶	＋	＋	＋	＋	＋	＋	＋
氧化酶	－	－	－	－	－	－	－
淀粉水解	－	－	－	－	＋	－	－
明胶液化	－	－	－	－	＋	－	－
吲哚	－	－	－	－	－	－	－
精氨酸水解	＋	＋	＋	－	＋	＋	＋
硝酸盐反应	＋	＋	＋	＋	＋	＋	＋
柠檬酸盐试验	＋	＋	＋	＋	－	＋	＋
脲酶	－	－	－	＋	－	－	－
丙二酸盐的利用	＋	＋	＋	＋	＋	＋	＋
荧光色素产生	－	－	－	－	－	－	－

表 3-11　溶磷细菌生理生化特征

Tab. 3-11　The physiological and biochemical characteristics of phosphorus bacteria

测定项目（items）	W25	W26	W27	W28	W134	W137
碳源利用						
葡萄糖	＋	＋	＋	＋	＋	＋
蔗糖	＋	＋	＋	＋	＋	＋
甘露醇	＋	＋	＋	＋	－	－
乳糖	＋	－	＋	＋	－	－
淀粉	－	－	－	－	－	－
葡萄糖氧化产酸	＋	＋	＋	＋	＋	＋
V-P	＋	＋	＋	＋	＋	＋
M-R	－	－	－	－	－	－
接触酶	＋	＋	＋	＋	＋	＋
氧化酶	－	－	－	－	－	＋
淀粉水解	－	－	－	－	－	－
明胶液化	－	－	－	－	＋	＋
吲哚	－	－	－	－	－	－
精氨酸水解	－	－	－	－	＋	＋
硝酸盐反应	＋	＋	＋	＋	＋	＋
柠檬酸盐试验	＋	＋	＋	＋	＋	＋
脲酶	＋	－	＋	－	＋	＋
丙二酸盐的利用	＋	＋	＋	＋	＋	＋
荧光色素产生试验	－	－	－	－	＋	＋

3.2.4　13 株溶磷细菌 16s RNA 序列的测定及分析

13 株溶磷细菌送至上海生工生物工程有限公司,对各菌株 16s RNA 进行测定,结合形态特征和生理生化试验,鉴定结果如表 3-12 所示:

表 3-12　13 株溶磷细菌鉴定结果

Tab. 3-12　The identification results of phosphorus bacteria

菌株（strains）	鉴定结果（result）	菌株（strains）	鉴定结果（result）
W4	*Enterobacter* sp.	W25	*Rahnella* sp.
W7	*Enterobacter* sp.	W26	*Enterobacter* sp.
W9	*Enterobacter* sp.	W27	*Rahnella* sp.
W10	*Rahnella* sp.	W28	*Enterobacter* sp.
W11	*Waxy bacillus*	W134	*Fluorescent pseudomonas*
W12	*Enterobacter* sp.	W137	*Fluorescent pseudomonas*
W13	*Enterobacter* sp.		

3.3　讨论

3.3.1　溶磷细菌的筛选和溶磷能力的测定

溶磷细菌可以通过将土壤中难溶态磷溶解或转化等来给其生长繁殖提供磷源,溶磷细菌的初步筛选标准是观察在平板上菌落周围是否出现透明的圈层(冯瑞章,2005;吴凡,2007;王岳坤,2009;程宝森,2009),但是在实验筛选过程中,由于在平板上长出的菌落较多且相互之间的竞争关系,大多数菌株的溶磷能力受到抑制,并不是所有的溶磷菌都会在平板上出现溶磷圈,Gupta(1986)认为平板筛选法有其局限性,有好多菌株在平板上并未表现出溶磷圈,但是在液体培养基中的溶磷能力较强,Nautial(1999)研究也发现溶磷圈的大小不能准确反应溶磷能力的强弱。溶磷圈的大小与溶磷能力关系较为复杂,Louw(1958)等研究表明溶磷圈和菌落直径(D/d)的大小与溶磷能力呈正相关,赵小蓉(2003)、郝晶(2006)等研究显示溶磷圈和菌落直径(D/d)的大小与溶磷能力并无相关性;本试验中 13 株菌株(D/d)与溶磷能力之间的相关系数为 0.30,相关性不显著,与赵小蓉、郝晶等的研究结果相似,更进一步证实了溶磷能力不能以溶磷圈作为判断标准,必须经过液体培养或固体发酵等方法对其溶磷能力进行进一步的测定。

目前,国内研究溶磷细菌溶磷能力的大小一般以溶磷细菌在磷酸三钙培养液中溶磷量的大小来衡量,陆瑞霞(2012)等从地八角根际土壤分离具筛选出 7 株解磷能力较强的溶磷细菌,7 株溶磷细菌对磷酸三钙的溶磷量在 123.37～135.23 mg/L;刘文干(2012)等从红壤中分离出 10 株具有溶磷能力的细菌,通过液体培养法测定 10 株溶磷细菌溶磷能力,在磷酸三钙培养液中有效磷含量在 44.68～125.79 mg/L;余旋(2011)从四川 10 个核桃主产区核桃根际土壤中分离纯化得到溶磷细菌 37 株,接菌溶磷细菌在液体培养基中,37 株溶磷细菌培养液中有效磷含量在 81.09～233.35 mg/L;贺梦醒(2012)从安徽省铜陵市木贼根际筛选出多株溶磷细菌,经过多次分离纯化获得一株遗传性和溶磷能力稳定的菌株,在磷酸三钙液体培养基中的溶磷能力为 75.23 mg/L;于群英(2012)从不同类型的土壤作物中分离筛选出 86 株溶磷细菌,在磷酸三钙液体培养基中的溶磷量在 4.2～387.3 mg/L;席琳乔(2007)从盐碱地棉花根际分离筛选出 10 株溶磷细菌,接种溶磷细菌在磷酸三钙液体培养基中,培养液有效磷含量在 4.04～185.63 mg/L;刘江等(2012)从秦岭山区根及土壤筛选的溶磷菌株对磷酸三钙的溶磷能力在 80.37～104.91 mg/L;陶涛等(2011)从水稻根际土壤中分离出13 株溶磷细菌,对磷酸三钙溶磷能力在 20.98～174.08 mg/L;戴沈艳等(2010)从江西红壤中分离筛选出 13 株溶磷细菌,对磷酸三钙的溶解能力在 83.12～159.1 mg/L。由此可见,大部分溶磷细菌对磷酸三钙的溶磷能力在 200 mg/L以下,王岳坤(2009)等以对磷酸三钙溶磷量大于 200 mg/L 筛选溶磷能力强的菌株,本试验同样以溶磷细菌对磷酸三钙溶解能力大于 200 mg/L 为标准筛选高效溶磷细菌。

微生物的分离纯化会导致其变异或原有性能的退化或丧失,Kucey(1983)研究表明溶磷细菌在纯化过程中有大约一半的菌株溶磷能力降低或者失去溶磷能力;林启美(2000)等研究溶磷细菌溶磷能力时发现,经过多次纯化,大部分溶磷细菌的溶磷能力降低或者丧失;王光华(2003)研究也发现许多细菌在分离纯化中失去其解磷能力;本试验在分离纯化溶磷细菌过程中,有 12 株在纯化后其溶磷能力显著降低甚至不具有溶磷能力,最中筛选的 13 株溶磷细菌的溶磷能力与最初的溶磷能力相比,也表现出减小的趋势。

土壤中溶磷微生物种类很多,不同种类的溶磷微生物溶磷能力差异较大,由于其所处的地理和气候环境条件的差异,即使同一类的菌株溶磷能力也各不相同。难溶态磷酸盐的种类也较多,有磷酸铝、磷酸铁以及磷矿粉等,不同磷酸盐溶解的难易程度不同,各菌株在不同磷酸盐中的溶磷能力也是有所差异的,因此在评价溶磷微生物溶磷能力大小的时候,既要考虑菌株筛选的地域环境,也要考虑难溶态磷酸盐的种类。各菌株对难溶态磷的溶解方式不同,以单一难溶态磷源评价溶磷微生物溶磷能力的大小有其局限性,在客观评价溶磷微生物溶磷能力大小时,应该将菌株对各种难溶态磷的溶解作用综合起来。本试验中最终筛选的 13 株溶磷细菌株对磷酸三钙的溶磷能力在 296.5～563.5 mg/L,对磷矿粉的溶解能力在 8.13～21.27 mg/L,对磷酸铁和磷酸铝的溶解能力分别在 88.54～223.84,66.91～106.65 mg/L,对各种难溶态磷都有一定的溶解作用。

3.3.2 溶磷细菌的鉴定

随着分子生物学和基因测序的发展,菌株的分子鉴定已经趋于快速和简单化,传统的形态观察和生理生化的鉴定方法似乎不再重要,在实际实验研究过程中,由于菌株的培养条件和不断的分离纯化,再加上本身的易变异性质,分子测序的手段并不能将全部菌株鉴定到种,大部分只能鉴定到属,在真菌鉴定过程中更是如此,因此传统的形态观察和生理生化鉴定的方法依然重要,在本实验中对 13 株菌株的鉴定就是通过分子测序与传统方法相结合来鉴定。

3.3.3　溶磷细菌的种类与溶磷能力

溶磷细菌种类不同,溶解磷酸三钙的能力差异较大(Molla 等,1984),本试验中各种类的溶磷菌株,荧光假单胞菌 W137(*Fluorescent pseudomonas*)溶磷能力最强,同样为荧光假单胞菌的 W134 次之,蜡样芽孢杆菌 W11 的溶磷能力也较高,拉恩氏菌的溶磷能力在 341.6~385.5 mg/L,阴沟肠杆菌的溶磷能力变化幅度较大,溶磷能力在 296.5~424.3 mg/L,平均为 345.5 mg/L,总体来说,在已筛选和鉴定的各菌株中,对磷酸三钙溶磷能力大小为荧光假单胞菌>蜡样芽孢杆菌>拉恩氏菌>阴沟肠杆菌。

3.4　结论

利用溶磷细菌选择性培养基对山西省 10 个地市 44 个县区的 440 个土样进行分离筛选,初步筛选出溶磷细菌 147 株,将 147 株溶磷细菌分别接种在磷酸三钙液体培养基中,进一步筛选出溶磷量大于 200 mg/L 的细菌 25 株,经过 5 次纯化后,有 12 株溶磷能力显著下降或丧失溶磷能力,最终筛选出遗传性稳定且在磷酸三钙液体培养基中溶磷量仍大于 200 mg/L 的细菌 13 株;通过形态观察、生理生化鉴定结合 16S rRNA 测序结果对 13 株溶磷细菌进行了鉴定,其中 7 株属于肠杆菌(*Enterobacter* sp.);3 株属于拉恩氏菌(*Rahnella*);1 株属于蜡样芽孢杆菌(*Waxy bacillus*);2 株属于荧光假单胞菌;13 株溶磷细菌在磷酸三钙液体培养基中的溶磷量为 296.5~563.5 mg/L,在磷矿粉液体培养基中的溶磷能力在 5.35~18.49 mg/L,在磷酸铁液体培养基中的溶磷量为 38.33~173.63 mg/L,在磷酸铝液体培养基中的溶磷量为 32.03~72.07 mg/L,13 株溶磷细菌对各种无机态磷酸盐都有一定的溶解能力,可以作为溶磷细菌肥料的菌源。

4 一株石灰性土壤典型溶磷细菌溶磷特性的研究

　　溶磷细菌在土壤中的定殖容易受土壤本身的理化性状的影响,石灰性土壤由于其特殊的理化性质可能会导致非土著溶磷菌无法定殖、生存竞争较差,对菌株溶磷能力的影响较大,菌种淘汰率也高,因此筛选土著高效溶磷菌具有重要意义。近年来,国内外学者对土壤溶磷细菌做了大量的研究,筛选出的溶磷细菌主要有芽孢杆菌、假单胞菌、蜡样芽孢杆菌、农杆菌、肠杆菌、黄褐假单胞菌等(Sundara,2002;Mandana,2010;Oliveira,2009;Sharma,2011;Yu,2011;陆瑞霞,2012;黄鹏飞,2012);对溶磷细菌的研究主要集中在其溶磷机理以及对作物的促生作用方面(戴沈艳,2010;余旋,2011;任嘉红,2012),大量的研究发现,溶磷微生物在溶解无机磷时都存在产酸的情况,也有一部分菌株通过酶解、螯合以及产生质子的方式达到溶磷效果。

　　拉恩氏菌一般存在于土壤及作物根际,国外关于拉恩氏溶磷菌的研究有过报道,Vyas(2010)从印度喜马拉雅地区沙棘根际土壤中筛选出一株具有溶磷能力的拉恩氏菌,并且该菌具有耐寒和广谱的促生作用;国内对拉恩氏菌的一些特性也做过研究,李晓雁(2009)筛选出一株拉恩氏菌,并对其保水性能做了研究,江晓路(2010)研究结果表明拉恩氏菌发酵可以产生胞外多糖,但是国内关于土壤拉恩氏菌在溶磷特性方面的研究未见报道。本试验在山西石灰性土壤中筛选出 3 株溶磷拉恩氏菌,W25 在溶解磷酸三钙、磷酸铁、磷酸铝以及磷矿粉方面的能力强于其他 2 株拉恩氏菌,因此本试验以溶磷拉恩氏菌 W25 为研究对象,对其在溶磷方面的特性进行研究,为丰富土壤溶磷微生物菌种资源,进一步了解溶磷微生物溶磷机理提供理论依据。

4.1 试验设计与分析项目

4.1.1 试验设计

　　试验用菌株为从山西石灰性土壤中筛选的溶磷拉恩氏菌 W25。将菌株活化后制成菌悬液,研究不同条件下 W25 的溶磷特性。

4.1.2 分析项目

4.1.2.1 菌株对磷酸三钙的溶解动态

在 250 mL 三角瓶中加入 100 mL 已灭菌的 NBRIP 液体培养基接种菌悬浮液 1 mL,于 30℃、150 r/min 振荡培养. 分别于 1 d、2 d、3 d、4 d、5 d、6 d、7 d 取发酵液在 4℃ 6 000 r/min 离心 10 min ,取上清液测定发酵液中有效磷的含量、pH,并设置不接菌处理,每个处理重复 3 次。

1)菌株培养液磷酸酶含量的动态变化

将 4.1.2.1 中的离心上清液 5 mL 于 100 mL 三角瓶中,加入磷酸苯二钠和缓冲液各 5 mL,于 28℃培养 24 h,培养结束后过滤,吸取滤液 1 mL 与 50 mL 容量瓶中,加 5 mL pH 9.0 的硼酸盐缓冲液,再加入 2.5%铁氰化钾和 0.5% 4-氨基安替比林各 3 mL,充分摇匀,加水定容,颜色稳定 20~30 min,在波长 570 nm 条件下比色。

2)菌株培养液有机酸含量的动态变化

取 4.1.2.1 中不同培养时间的发酵液 1 mL,在 4℃、12 000 r/min 离心 10 min,取上清液过 0.22 μm 针孔滤膜,滤液进行 HPLC 测定,确定有机酸的种类和浓度。其色谱条件为:色谱柱反相 C18 柱(4.6 mm×250 mm),流动相:甲醇和 1 mmol/L KH_2PO_4 2:98(V/V),波长:214 nm,流速:0.7 mL/min,进样量:20 μL,柱温:25℃。出峰顺序依次为草酸,甲酸,乳酸,乙酸,柠檬酸,琥珀酸,丙酸。

4.1.2.2 不同磷酸三钙浓度条件下菌株的溶磷能力

在 NBRIP 液体培养基中分别加入不同浓度的磷酸钙,加入量分别为 1、2、4、8、16 g/L,培养基其他成分不变,接菌培养测定培养液有效磷含量及培养液 pH。

4.1.2.3 模拟缓冲容量条件下菌株的溶磷效果

在 250 mL 三角瓶中加入 100 mL 已灭菌的 NBRIP 液体培养基接种菌悬浮液 1 mL,于 30℃、150 r/min 振荡培养。分别在 1、2、3、4、5、6、7 d 测定培养液 pH,当培养液 pH 降至 7 以下,用灭菌的 0.1 mol/L NaOH 调节至7.0。通过这种方法来模拟土壤的缓冲容量对菌株溶磷能力的影响。所有的步骤均严格在无菌条件下进行操作。

4.1.2.4 菌株对难溶态磷酸盐(磷酸铁,磷酸铝)溶磷动态的测定

在 250 mL 三角瓶中加入 100 mL 已灭菌的 NBRIP 液体培养基和难溶态磷酸盐(磷酸铁,磷酸铝,磷矿粉),加入量为 5 g/L,接种菌悬浮液 1 mL,于 30℃、150 r/min 振荡培

养.分别于 1、2、3、4、5、6、7 d 取发酵液在 4℃、6 000 r/min 离心 10 min,取上清液测定发酵液中有效磷的含量和 pH,并设置不接菌处理,每个处理重复 3 次。

4.1.2.5　不同碳源氮源对菌株溶磷量的影响

在 NBRIP 培养基中,分别以蔗糖,甘露醇,乳糖,淀粉等质量代替葡萄糖为碳源,其他成分不变,接菌培养测定培养液有效磷含量,确定最佳碳源;确定最佳碳源后,以硝酸钾,氯化铵,硝酸铵,硝酸钠为氮源替换硫酸铵(物质的量相同),接菌培养,测定培养液有效磷含量。

4.1.2.6　不同碳氮比条件下菌株的溶磷能力

1)不同碳氮比(调节培养基中葡萄糖的用量来调节碳氮比)

在 NBRIP 培养基中,加入葡萄糖的量分别为 1.0、5、10、15、20 g/L,其他成分不变,使培养基中碳氮比分别为 10:1、50:1、100:1、150:1 和 200:1,接菌培养测定不同葡萄糖浓度下培养液有效磷含量、培养液 pH 以及菌液的光密度(OD_{600})。

2)不同碳氮比(调节培养基中硫酸铵的用量来调节碳氮比)

在 NBRIP 培养基中,加入硫酸铵的用量分别为 0.05、0.067、0.1、0.2、1 g/L,其他成分不变,使培养基中碳氮比分别为 200:1、150:1、100:1、50:1、10:1,接菌培养测定不同葡萄糖浓度下培养液有效磷含量、培养液 pH 以及菌液的光密度(OD_{600})。

4.1.2.7　不同硝态氮与铵态氮配比条件下菌株的溶磷能力

在 NBRIP 培养基中,按表 4-1 调节培养基中硝态氮和铵态氮的比例,通过调节硝酸钾和硫酸铵的加入量,设置不同的硝酸根与铵根的物质的量的浓度比,在调节过程中,培养基中氮的物质的量的浓度不变。培养基其他成分不变,接菌培养测定不同葡萄糖浓度下培养液有效磷含量和 pH。

表 4-1　培养基不同硝铵态氮配比用量

Tab. 4-1　The medium of different amount of nitrate nitrogen and ammonium nitrogen ratio

NO_3/NH_4 配比	KNO_3/g	$(NH_4)_2SO_4$/g
0:100	0	0.1
20:80	0.030 3	0.079 2
50:50	0.075 7	0.049 5
80:20	0.121	0.019 8
100:0	0.151	0

4.1.2.8　外加磷源条件下菌株对磷酸三钙溶解能力的影响

培养基基本成分不变,通过外加 KH_2PO_4 调节培养基中有效磷的浓度,使其分别为 0、20、40、60、80、100 μg/mL，在不同外加磷源条件下接种菌液，培养测定不同外加磷源条件下菌株的溶磷能力。

4.1.2.9 不同碳氮磷源下菌株发酵液有机酸的测定

取不同碳氮磷源发酵液 1 mL，在 12 000 r/min，4℃ 离心 10 min，取上清液过 0.22 μm 针孔滤膜，滤液进行 HPLC 测定，确定有机酸的种类和浓度。

4.1.2.10 菌株在磷酸三钙液体培养基中菌体生长量（OD_{600}）的测定

取接种培养好的液体发酵液 5 mL 于离心管中，在 1 500 r/min 的条件下离心 3 min，吸取上清液 3 mL，加入等量的 1 mol/L HCl，于 600 nm 处比色测定菌液的光密度值，以未接菌的空白培养液为参比。

4.2 结果与分析

4.2.1 溶磷拉恩氏菌 W25 对磷酸三钙的溶解动态

1）溶磷拉恩氏菌 W25 培养液有效磷和 pH 的动态变化

拉恩氏菌 W25 在磷酸三钙液体发酵液中有效磷的动态变化及 pH 的变化如图 4-1 所示。

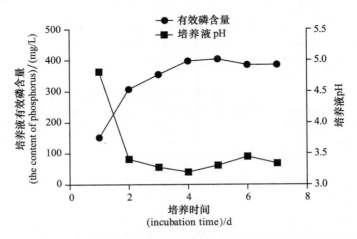

图 4-1 拉恩氏菌在磷酸三钙培养液中有效磷的动态变化及培养液 pH 的变化

Fig. 4-1 Dynamic change of available phosphorus content and change of culture pH of Larne type bacteria in cultures of tricalcium phosphate

　　由图4-1可知,拉恩氏菌W25在培养前2 d培养液有效磷含量增加迅速,在48 h
培养液有效磷含量达到307.17 mg/L,在2～4 d,培养液有效磷含量增加缓慢,在
培养5 d后,达到最大值403.42 mg/L;从第6天开始,培养液有效磷含量有所降
低,第7天培养液有效磷含量基本上与第6天持平。在整个培养周期内,培养液的
pH总体上呈现先降低后上升的趋势,在培养前2 d,发酵液pH降低的幅度最大,
在2～4 d培养液pH缓慢下降,在第4天培养液pH最低,为3.20,在培养后期培
养液pH又有所回升。

　　相关性分析表明拉恩氏菌W25培养液有效磷含量与培养液pH变化之间的
相关系数R为-0.94,相关性极其显著($p < 0.01$),菌株在培养48 h之内,培养液
中营养物质丰富,生长旺盛,拉恩氏菌产酸和分泌磷酸酶的能力较强,溶磷能力作
用强,培养液中有效磷含量增加迅速,pH降低幅度大,在培养2～4 d培养液中的
环境条件有所改变,拉恩氏菌产酸和分泌磷酸酶的能力有所降低,因此培养液中有
效磷的含量增加缓慢,pH缓慢下降,在培养后期菌株生长停滞甚至死亡,基本上不
具有产酸、分泌磷酸酶的能力。

　　2)拉恩氏菌W25培养液磷酸酶含量的动态变化

　　拉恩氏菌W25在培养液中磷酸酶含量的动态变化如图4-2所示。

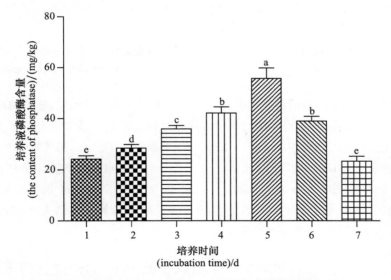

图4-2　拉恩氏菌W25在磷酸三钙培养液中磷酸酶的动态变化

Fig. 4-2　Dynamic change of phosphatase of Larne type Bacteria W25 in cultures of
tricalcium phosphate

拉恩氏菌 W25 在培养发酵过程中,磷酸酶的含量也随着培养时间的变化而变化,在 1～5 d 培养液中磷酸酶含量增加,在第 5 天达到最大值,为 54.26 μg/mL,从第 6 天开始培养液磷酸酶含量开始有所下降。

4.2.2 不同磷酸钙浓度对拉恩氏溶菌 W25 溶磷能力的影响

不同磷酸三钙浓度下拉恩氏菌溶解率如图 4-3 所示。

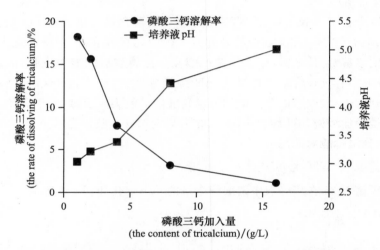

图 4-3 不同磷酸三钙浓度下拉恩氏菌 W25 对磷酸三钙的溶解率及培养液 pH
Fig. 4-3 Dissolution rate of tricalcium phosphate and culture pH of Larne type Bacteria W25

拉恩氏菌 W25 在不同浓度的磷酸三钙条件下对其溶解率不同,随着磷酸三钙浓度的增加,拉恩氏菌 W25 对磷酸三钙的溶解率降低。低浓度条件下有助于菌株对磷酸三钙的溶解,在培养液中加入量为 1 g/L 时,溶解率为 18.2%,加入量为 2、4、8 g/L 时,溶解率分别为 15.6%、7.5%、3.2%,在加入量为 16 g/L 时,溶解率仅为 1.11%。

在不同磷酸钙浓度下,随着磷酸钙浓度的增加,培养液 pH 的降低幅度也减小,在磷酸钙浓度为 1 g/L 和 2 g/L 时,培养液 pH 降低幅度分别 4.0 和 3.8,磷酸钙浓度为 16 g/L 时,培养液 pH 降低幅度仅为 1.99。

4.2.3 模拟土壤缓冲条件下拉恩氏菌 W25 对磷酸三钙溶解能力的影响

溶磷微生物在土壤中溶磷能力的发挥也会产生有机酸,土壤的缓冲作用很强,将微生物分泌的有机酸通过螯合等作用发生反应,土壤 pH 保持在一个稳定的范围。本试验通过调节培养液 pH 的方式来模拟土壤缓冲性能对溶磷微生物溶磷能力的影响,模拟缓冲条件下拉恩氏菌 W25 培养液有效磷含量的变化与 pH 的变化如图 4-4、图 4-5 所示。

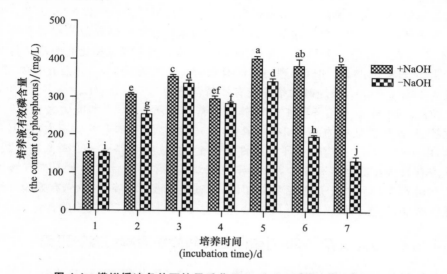

图 4-4　模拟缓冲条件下拉恩氏菌 W25 培养液有效磷含量的变化
Fig. 4-4　Change of available phosphorus content of Larne type Bacteria culture in analog buffer conditions

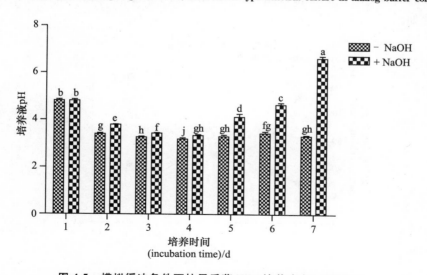

图 4-5　模拟缓冲条件下拉恩氏菌 W25 培养液有 pH 的变化
Fig. 4-5　Change of culture pH of Larne type Bacteria culture in analog buffer conditions

由图 4-4、图 4-5 可知,拉恩氏菌 W25 培养液在培养 24 h 后 pH 降低到 4.82,培养液有效磷含量达到 152.33 mg/L,通过 0.01 mol/L NaOH 调节培养液 pH,第 2 天加碱处理培养液有效磷含量与未加碱处理相比,有效磷含量仅降低 3.6%,差异不显著($p < 0.05$);继续加碱调节,在第 3 天和 4 天,加碱处理培养液有效磷含量与未加碱处理相比分别降低 4.8% 和 3.9%,差异仍不显著($p < 0.05$);在第 5 天开始出现显著差异($p < 0.05$),加碱处理培养液与未加碱调节培养液相比有效磷减少了 14.7%;在培养第 6 天和第 7 天,加碱处理培养液与未加碱相比有效磷含量分别减少 48.4% 和 64.9%,加碱处理培养液有效磷含量显著减少,培养液有效磷在第 7 天仅为 135.4 mg/L,未加碱的培养液有效磷含量为 385.5 mg/L。

拉恩氏菌 W25 在培养前 4 d,培养液中营养物质丰富,产酸能力较强,缓冲作用比较强,使培养液中的 pH 和有效磷含量与未加碱的基本上差异不大;从第 5 天开始,由于营养物质的消耗和环境条件的改变,加碱后培养液 pH 降低幅度减慢,培养液有效磷含量也显著减少,缓冲作用减弱,在第 7 天后基本上不具有缓冲性能。在培养 5 d 后,与未加碱培养液相比,加碱培养液 pH 降幅减小,有效磷含量同时显著减少,拉恩氏菌培养液 pH 的变化会显著影响培养液有效磷的含量。

4.2.4 拉恩氏菌 W25 对磷酸铝和磷酸铁溶解动态的研究

将拉恩氏菌 W25 接种在含有磷酸铁和磷酸铝的灭菌的液体培养基中,每隔 24 h 测定培养液有效磷含量和 pH,在 168 h 内培养液中有效磷含量和培养液 pH 的动态变化如图 4-6、图 4-7 所示。

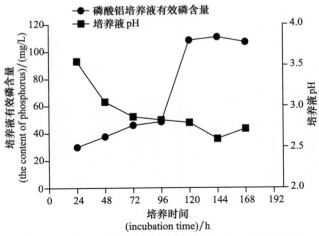

图 4-6　拉恩氏菌在磷酸铝培养液中有效磷和 pH 的动态变化

Fig. 4-6　Variation of available P content and pH in AlPO₄ culture medium during solubilizing period

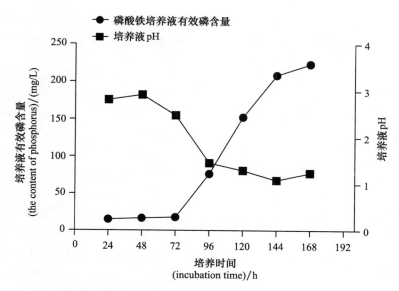

图 4-7 拉恩氏菌在磷酸铁培养液中有效磷和 pH 的动态变化

Fig. 4-7 Variation of available P content and pH in(FePO₄)culture medium during solubilizing period

拉恩氏菌 W25 对不同难溶态磷酸盐的溶解能力差异性较大,由图 4-6 可知,拉恩氏菌在磷酸铝培养液中培养前 4 d,培养液有效磷缓慢增加,在第 5 天增加幅度最大,对磷酸铝的溶解能力在第 6 天达到最大,最大值为 110.66 mg/L,培养液有效磷含量在第 5 天后趋于稳定,培养液 pH 在培养前 6 d 呈下降趋势,在第 6 天达到最小值,为 2.60;在磷酸铝培养液中培养液有效磷含量的变化与培养液 pH 的变化之间的相关系数 R 为 -0.75,呈显著的负相关($p < 0.05$)。由图 4-7 可知在培养前 3 d,拉恩氏菌在磷酸铁培养液中有效磷含量基本上不变,在第 3~6 天培养液有效磷含量迅速增加,在第 7 天达到最大值,为 223.84 mg/L,在整个培养周期内,磷酸铁培养液有效磷含量与培养液 pH 的变化之间的相关系数为 R 为 -0.90,呈极显著的负相关($p < 0.01$)。

4.2.5 不同碳氮源条件下对拉恩氏菌 W25 溶磷能力的影响

不同碳源和氮源条件下拉恩氏菌 W25 培养液有效磷含量如表 4-2 所示。由表可知,以葡萄糖为碳源时拉恩氏菌培养液有效磷含量最高,为 385.52 mg/L,其溶磷能力显著高于其他碳源($p < 0.05$),以乳糖和蔗糖为碳源,溶磷能力次之,培养液有效磷含量分别为 287.46、279.72 mg/L;以淀粉为碳源,拉恩氏菌培养液有效磷含量仅有 75.27 mg/L,拉恩氏菌对碳源的利用能力为葡萄糖>乳糖>蔗糖>甘露醇>淀粉,以上结果表明,拉恩氏菌对碳源的利用以单糖为主,双糖次之,对多糖利用率较低。

表 4-2　不同碳氮源条件下拉恩氏菌培养液有效磷含量

Tab. 4-2　Available phosphorus content of Larne type Bacteria culture in conditions

of different carbon and nitrogen sources

mg/L

不同碳源 Different carbon	培养液有效磷含量 (the content of available phosphorus)	不同氮源 Different nitrogen	培养液有效磷含量 (the content of available phosphorus)
葡萄糖	385.53±4.08a	硫酸铵	385.53±4.08b
蔗糖	279.72±2.26b	硝酸铵	427.09±22.45a
淀粉	75.27±7.19d	氯化铵	381.78±6.23b
乳糖	287.46±11.80b	硝酸钾	302.14±3.96c
甘露醇	228.30±6.20c	硝酸钠	293.80±3.52d

注:不同小写字母代表在 0.05 水平条件下的差异显著性,下同。

不同氮源条件下拉恩氏菌培养液有效磷含量以硝酸铵为最高,培养液有效磷含量为 427.09 mg/L,以硫酸铵和氯化铵为氮源时,溶磷能力次之,拉恩氏菌培养液有效磷含量分别为 385.53、381.78 mg/L;以硝酸钾和硝酸钠为碳源,培养液有效磷含量较低,分别为 302.14、293.80 mg/L。拉恩氏菌 W25 以铵态氮为氮源的溶磷能力显著高于硝态氮。

4.2.6　不同碳氮比条件对拉恩氏菌 W25 溶磷能力的影响

1)不同葡萄糖浓度拉恩氏菌 W25 溶磷能力的影响

培养液葡萄糖浓度不同,培养液中碳源和氮源比例不同,通过调节培养基中葡萄糖的用量调节培养基中碳氮比,不同浓度下的碳氮比不同,拉恩氏菌的生长量、培养液 pH 以及培养液有效磷含量如表 4-3 所示,不同葡萄糖浓度下,拉恩氏菌在磷酸三钙培养液中的生长量变化不大,葡萄糖用量为 5 g/L 即碳氮比例为 50∶1 时,OD_{600} 最大为 0.40;葡萄糖用量为 20 g/L 即碳氮比为 200∶1 时,OD_{600} 最小为 0.29;随着葡萄糖用量的增加,培养液 pH 降低幅度越来越大,有效磷含量逐渐增加,葡萄糖用量为 1 g/L 即碳氮比为 10∶1 时,培养液 pH 为 6.14,培养液有效磷含量仅为 78.43 mg/L;当碳氮比为 50∶1 时,培养液培养液 pH 为 4.05,培养液有效磷含量为 288.16 mg/L;当碳氮比为 200∶1 时,培养液 pH 最低为 3.14,有效磷含量最高为 396.26 mg/L;当碳氮比为 100∶1 时,随着碳氮比的增加,培养液 pH 降低幅度变化差异不大,培养液中有效磷的含量也趋于稳定。在 NBRIP 培养基中,培养基中其他成分不变,从培养液菌株生长量,pH 以及有效磷含量各指标综合考虑,培养基最佳碳氮比为 100∶1,即葡萄糖浓度为 10 g/L,葡萄糖浓度的增加有助于拉恩氏菌溶磷能力的发挥。

表 4-3 不同葡萄糖浓度下拉恩氏菌 W25 的生长量、培养液 pH 以及有效磷含量
Tab. 4-3 Available phosphorus content、culture pH and biomass of Larne type
bacteria culture in different concentration of glucose

碳氮比 (carbon : nitrogen)	OD_{600}	pH	培养液有效磷含量 (the content of available phosphorus)/(mg/L)
10 : 1	0.36±0.01b	6.14±0.08a	78.43±8.57c
50 : 1	0.40±0.01a	4.05±0.05b	288.16±4.88b
100 : 1	0.36±0.02b	3.38±0.02c	385.51±4.08a
150 : 1	0.35±0.01b	3.20±0.03d	389.62±9.13a
200 : 1	0.29±0.02c	3.14±0.02e	396.26±8.57a

2)不同硫酸铵浓度对拉恩氏菌 W25 溶磷能力的影响

硫酸铵浓度不同，培养液中的碳氮比例也不同，通过调节培养基中硫酸铵的用量调节培养基中碳氮比，各碳氮比条件下培养液拉恩氏菌 W25 生长量、pH 以及培养液有效磷含量如下表所示。由表 4-4 可以看出，拉恩氏菌培养液生长量 OD_{600} 和培养液 pH 随着硫酸铵的增加而增加，培养液的有效磷呈递减的趋势。碳氮比为 200：1 时，培养液 W25 生长量 OD_{600} 最小，为 0.20，培养液 pH 最低为 3.19，培养液有效磷含量最大，为 412.48 mg/L；碳氮比为 10：1 时，拉恩氏菌 W25 培养液生长量 OD_{600} 最大，为 0.65，培养液 pH 最高为 3.54，培养液有效磷含量最小，为 336.57 mg/L。培养液中硫酸铵的浓度越大，氮源物质充足，菌株生长越旺盛。

表 4-4 不同硫酸铵浓度下拉恩氏菌 W25 的生长量、培养液 pH 以及有效磷含量
Tab. 4-4 Available phosphorus content，culture pH and biomass of Larne type
Bacteria culture in different concentration of Ammonium sulfate

碳氮比 (carbon : nitrogen)	OD_{600}	pH	培养液有效磷含量 (the content of available phosphorus)/(mg/L)
200 : 1	0.20±0.01e	3.19±0.01d	412.48±7.26a
150 : 1	0.27±0.02d	3.27±0.01c	402.82±15.11ab
100 : 1	0.36±0.01c	3.38±0.02b	385.5±4.08b
50 : 1	0.50±0.01b	3.41±0.08b	364.16±12.16c
10 : 1	0.65±0.02a	3.54±0.04a	336.57±6.29d

4.2.7 不同硝态氮与铵态氮配比条件下对拉恩氏菌 W25 溶磷能力的影响

在不同硝态氮与铵态氮配比条件下拉恩氏菌生长量 OD_{600}、培养液 pH 和有效磷如表 4-5 所示。

表 4-5　不同硝铵配比下拉恩氏菌生长量、培养液 pH 以及有效磷含量
Tab. 4-5　Available phosphorus content, culture pH and biomass of Larne type Bacteria culture in different ratio of ammonium and nitrate

硝铵配比 （NO₃/NH₄）	OD_{600}	pH	培养液有效磷含量 （the content of available phosphorus）/（mg/L）
0：100	0.36±0.01b	3.38±0.02a	385.5±4.08a
25：75	0.41±0.01a	3.19±0.05c	409.66±14.44a
50：50	0.37±0.02b	2.94±0.03d	411.09±12.45a
75：25	0.34±0.01b	3.33±0.01b	359.93±9.65b
100：0	0.35±0.01b	3.43±0.04a	302.14±3.96b

由表 4-5 可知，不同硝铵配比对拉恩氏菌生长量影响较小，拉恩氏菌生长量 OD_{600} 在 0.34～0.41；硝铵比为 25：75 时，OD_{600} 最大，为 0.41；硝铵比为 75：25 时，OD_{600} 最小，为 0.34；合适的硝铵配比有助于拉恩氏菌溶磷能力的发挥，硝铵配比小于 50：50 的条件下，随着硝铵比例的增加，拉恩氏菌溶磷能力增强，同时培养液 pH 降低，硝铵配比为 25：75 和 50：50 时，菌株培养液有效磷含量分别为 409.66、411.09 mg/L，显著高于其他配比条件下的溶磷能力；当硝铵配比达到 50：50 时，随着硝铵配比的增加，培养液有效磷含量出现明显下降，pH 升高；硝铵配比为 100：0 时，培养液有效磷含量最低仅为 302.14 mg/L，pH 最高为 3.43。

4.2.8 外加磷源对拉恩氏菌 W25 溶磷能力的影响

外加磷源条件下拉恩氏菌 W25 的溶磷能力如图 4-8 所示。由图 4-8 可以看出随着培养液初始有效磷浓度的增加，拉恩氏菌的溶磷能力呈逐渐下降的趋势。培养液在不加 KH_2PO_4 的条件下，拉恩氏菌 W25 溶磷能力为 385.5 mg/L，当培养液中加入 KH_2PO_4，有效磷浓度为 20 μg/mL 时，W25 的溶磷能力为 381.88 mg/L，与不加磷源相比差异不显著；外加有效磷浓度为 40 μg/mL 时，培养液有效磷含量为 374.63 mg/L，与不加磷源相比减少 10.87 mg/L；随着外加磷源浓度的增加，W25 的溶磷能力明显受到抑制，当外加磷源浓度为 100 μg/mL 时，W25 溶磷能力为 337.98 mg/L，与不加磷源相比，溶磷能力显著减弱。由此可见，外加磷源浓度小于

20 μg/mL,对拉恩氏菌 W25 溶磷能力的影响较小,当外加磷源浓度大于 20 μg/mL,随着外加磷源浓度的增加,对拉恩氏菌 W25 溶磷能力的影响越大。

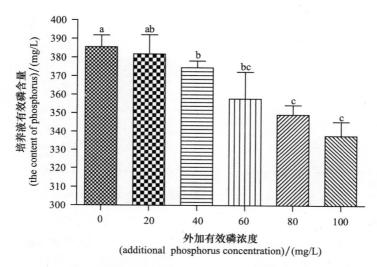

图 4-8　外加磷源条件下拉恩氏菌的溶磷能力

Fig. 4-8　Phosphate solubilization capacity of Larne type Bacteria in the condition of plus phosphorus source

4.2.9　不同碳氮磷源对拉恩氏菌 W25 产酸性能的影响

1)不同碳源条件下拉恩氏菌 W25 产酸的种类和浓度

以硫酸铵为氮源,不同碳源条件下菌株 W25 培养液中有机酸的种类和浓度差异较大,HPLC 分析结果如表 4-6 所示,以葡萄糖为碳源产生甲酸和乙酸,以乳糖为碳源产生草酸和琥珀酸,以蔗糖为碳源产生乳酸和丙酸,以甘露醇为碳源只产生琥珀酸,以淀粉为碳源在培养液中只产生草酸。

不同碳源条件下拉恩氏菌的溶磷能力与其产生有机酸的种类和浓度有关。结合表 4-6 可看出,拉恩氏菌 W25 以淀粉为碳源溶磷能力最小,培养液中只产生微量的草酸,为 28.47 mg/L;以乳糖为碳源的溶磷量显著高于以甘露醇为碳源的溶磷量。在甘露醇为碳源的培养液中,只产生琥珀酸,含量为 248.86 mg/L,在乳糖培养液中,产生草酸和琥珀酸两种酸,产生的琥珀酸的含量为 436.93 mg/L,显著高于甘露醇培养液中的琥珀酸含量。同一有机酸,浓度越大,对磷酸盐中磷素的活化能力越强,因此以乳糖为碳源的解磷能力较强。

表 4-6　不同碳源条件下拉恩氏菌 W25 产酸的种类和浓度

Tab. 4-6　The type and concentration of acid production of Larne type Bacteria

W25 in the condition of different carbon sources

碳源 （different carbon）	有机酸含量（organic acid）/（mg/L）					
	草酸 （oxalic acid）	甲酸 （formic acid）	乳酸 （lactate acid）	乙酸 （acetic acid）	琥珀酸 （succinate acid）	丙酸 （propionate）
葡萄糖	—	412.22a	—	163.99d	—	—
甘露醇	—	—	—	—	248.86c	—
蔗糖	—	—	104.15e	—	—	374.03b
乳糖	88.2f	—	—	—	436.93a	—
淀粉	28.47g	—	—	—	—	—

2）不同氮源条件下拉恩氏菌 W25 产酸的种类和浓度

以葡萄糖为碳源，不同氮源条件下拉恩氏菌培养液中有机酸的种类和浓度差异较大，HPLC 分析结果如表 4-7 所示。由表 4-7 可知以硝酸铵为氮源产生草酸、甲酸、乙酸、琥珀酸和柠檬酸五种有机酸；以氯化铵为氮源产生甲酸、乙酸和琥珀酸 3 种有机酸；以硝酸钾为氮源产生草酸和琥珀酸；以硝酸钠为氮源产生草酸甲酸和琥珀酸；以硝态氮为氮源产生草酸和琥珀酸；以铵态氮为氮源产生甲酸和乙酸。拉恩氏菌 W25 以硝酸铵为氮源对磷酸三钙的溶解能力显著大于以硝酸钠为氮源对磷酸三钙的溶解能力，W25 以硝酸铵和硝酸钠为氮源都产生草酸、甲酸和琥珀酸，并且以硝酸铵为氮源培养液中 3 种有机酸的含量都显著高于以硝酸钠为氮源培养液中有机酸的含量，同时以硝酸铵为氮源培养液还产生乙酸和柠檬酸，因此以硝酸铵为氮源拉恩氏菌 W25 溶磷能力显著高于以硝酸钠为氮源。

表 4-7　不同氮源条件下拉恩氏菌 W25 产酸的种类和浓度

Tab. 4-7　The type and concentration of acid production of Larne type Bacteria

W25 in the condition of different nitrogen sources

氮源 different nitrogen	有机酸含量（organic acid）/（mg/L）				
	草酸 （oxalic acid）	甲酸 （formic acid）	乙酸 （acetic acid）	琥珀酸 （succinate acid）	柠檬酸 （succinate acid）
硫酸铵	—	412.22a	163.99c	—	—
硝酸钾	414.13b	—	—	158.34b	—
硝酸铵	472.92a	372.8b	195.78b	166.78b	143.14a
氯化铵	—	150.34d	241.92a	417a	—
硝酸钠	349c	233.78c	—	83.96c	—

3）不同磷源条件下拉恩氏菌 W25 产酸的种类和浓度

各种磷酸盐组成成分不同，并且在培养液中的溶解度不同，溶磷微生物在不同磷酸盐中产生有机酸的种类和浓度也不同，拉恩氏菌在磷酸三钙、磷酸铁、磷酸铝以及磷酸二氢钾培养液中产生有机酸的种类和浓度见表 4-8。

表 4-8　拉恩氏菌 W25 在不同磷酸盐中产生有机酸的种类和浓度

Tab. 4-8　The type and concentration of organic acid production of Larne type Bacteria W25 in the condition of different phosphate

磷酸盐种类 (phosphate species)	有机酸含量 organic acid/(mg/L)				
	草酸 (oxalic acid)	甲酸 (formic acid)	乙酸 (acetic acid)	乳酸 (lactate acid)	琥珀酸 (succinate acid)
磷酸三钙	—	412.22a	163.99d	—	—
磷酸铝	126.16f	—	—	—	—
磷酸铁	255.73c	118.44e	—	—	251.62c
磷酸二氢钾	—	315.20b	—	159.53d	—

由表 4-8 可知，以磷酸三钙为磷源，拉恩氏菌培养液中产生甲酸和乙酸，在磷酸铝培养液中仅有草酸，在磷酸铁培养液中可以产生草酸、甲酸和琥珀酸，以磷酸二氢钾为磷源可以分泌甲酸和乳酸。拉恩氏菌 W25 对磷酸铁的溶解能力显著高于磷酸铝，在磷酸铁培养液中产生酸的种类比磷酸铝的多，在磷酸铁和磷酸铝中都产生草酸，在磷酸铁培养液中草酸浓度为 255.73 μg/mL，在磷酸铝培养液中草酸浓度仅为 126.16 μg/mL。

4.3　讨论

溶磷拉恩氏菌 W25 在磷酸三钙、磷酸铝和磷酸铁培养液有效磷含量与培养液 pH 呈显著负相关，这与席琳乔等（2007）的研究结果相一致，但是也有研究表明培养液有效磷含量与培养液 pH 并无直接关系，林启美（2001）、杨慧（2008）等研究表明，溶磷菌株的溶磷量与培养液 pH 下降并不具有相关性，造成这一结果的原因是不同溶磷微生物的溶磷机理不同，溶磷微生物溶磷机理具有多样性（孙彩霞，2004；Chen YP，2006）。大多数研究表明分泌低分子质量有机酸类物质是微生物溶磷的重要机理之一（钟传青，2004；Behbahani，2010；方亭亭，2010）。

溶磷微生物分泌的有机酸，一方面可以直接与难溶态磷酸盐发生溶解作用，将难溶态磷酸盐转换为有效态磷酸盐；另一方面有机酸可以与磷酸盐发生螯合作用

(Cunningham and Kuiack,1992),这些酸能与铁、铝、钙等离子螯合,从而使难溶磷或不溶性磷转化为有效磷。Louw(1958)发现溶磷菌株在以钙磷灰石为唯一磷源的条件下,产生乳酸和葡萄糖酸,将钙磷灰石溶解;Moghimi(1978)研究发现溶磷微生物产酸与溶磷能力有一定的相关性。不同有机酸与难溶态磷的作用方式不同,不同有机酸对难溶态磷酸盐的溶解能力也不同,菌株在培养液中产生某种有机酸对难溶态磷酸盐溶解和螯合作用较弱,即使产生的量比较多,溶磷能力也不强,因此菌株在培养液中溶磷能力的发挥与酸的种类比数量更加重要,Agnihotri(1970)研究也证实了这一观点。Whitelaw(1999)研究发现在不同种类的磷酸盐条件下,在葡萄糖酸浓度相同时,培养液有效磷含量相差可达 47.5 倍。Illmer(1995)研究认为,微生物溶磷作用不是分泌有机酸,而是通过铵根离子同化或者呼吸作用产生质子;但是 Whitelaw(1999)等研究发现,在培养液中加入 HCl 调节酸度与接菌培养液酸度相同的情况下,培养液有效磷低于菌株的溶磷能力,虞伟斌(2010)通过调节培养基中酸度模拟质子对磷酸三钙的溶解作用,证明质子对磷酸三钙的作用非常有限。综上所述,溶磷微生物对难溶态磷酸盐的溶解作用与其分泌有机酸有关,溶磷能力的大小不仅与分泌有机酸的含量有关,在某些情况下还与有机酸的种类有关。目前溶磷菌产生的酸主要有草酸、柠檬酸、乙酸、乳酸、丙酸和琥珀酸(Patel,2008),本试验条件下,拉恩氏菌 W25 除产生草酸、乙酸、丙酸、乳酸、琥珀酸和柠檬酸外,在以葡萄糖为碳源的条件下,以硫酸铵、硝酸铵、氯化铵、硝酸钠为氮源都产生甲酸。

培养基碳源和氮源的种类对微生物的溶磷能力影响较大,碳源和氮源通过影响产生有机酸的种类和浓度进而影响溶磷能力(Reyes,1999),不同菌株对碳源和氮源的利用率不尽相同,刘文干等(2012)研究发现洋葱伯克霍尔德氏菌(*Burkholderia cepacia*)在以还原糖为碳源的情况下溶磷能力高于非还原糖;贺梦醒等(2012)研究表明芽孢杆菌(Bacillus)以淀粉为碳源解磷能力较强。本试验拉恩氏菌 W25 以葡萄糖为碳源解磷能力最高,以淀粉为碳源解磷能力最低,对乳糖和蔗糖的利用率也较高。一些研究比较了不同氮源对溶磷菌溶磷能力的影响时认为铵态氮是最好的氮源,溶磷菌不能利用硝态氮(Wenzel,1994;Vora,1997),本试验结果也证实拉恩氏菌 W25 以氯化铵和硫酸铵为氮源时溶磷能力显著高于以硝酸钾和硝酸钠为氮源时的溶解磷能力。

4.4 结论

本试验对石灰性土壤拉恩氏菌 W25 的溶磷特性和产酸进行了深入的研究,结果如下：

（1）溶磷拉恩氏菌 W25 在磷酸三钙、磷酸铝、磷酸铁培养液中有效磷含量最大值分别为 403.4、110.4、216.6 mg/L，培养液有效磷含量与培养液 pH 变化之间的均呈现显著相关（$p<0.05$）；随着培养液磷酸钙浓度的增加，拉恩氏菌 W25 对磷酸三钙的溶解率降低，磷酸钙浓度为 1 g/L 时，磷酸钙溶解率为 18.2，当磷酸钙浓度为 16 g/L 时，磷酸钙溶解率仅为 1.11%；拉恩氏菌 W25 在培养第 2～4 天具有较强的缓冲能力，加碱调节处理培养液有效磷含量与未加碱处理相比仅减少 3.6%、4.8%、3.9%，差异不显著，从第 5 天开始，拉恩氏菌 W25 缓冲能力开始减弱，加碱处理培养液有效磷含量比未加碱处理减少 14.7%，第 7 天加碱处理培养液有效磷仅为 135.4 mg/L，未加碱的培养液有效磷含量为 385.5 mg/L，菌株在 7 d 后基本丧失了缓冲能力；拉恩氏菌 W25 以葡萄糖为碳源，以硝酸铵为氮源时对磷酸三钙的溶解能力最大，在磷酸三钙液体培养基中有效磷含量为 427.1 mg/L，拉恩氏菌 W25 对碳源的利用顺序依次为葡萄糖＞乳糖＞蔗糖＞甘露醇＞淀粉，对氮源的利用顺序依次为硝酸铵＞氯化铵＞硫酸铵＞硝酸钠＞硝酸钾。

（2）培养液中碳源的浓度对拉恩氏菌 W25 溶磷能力影响较大，培养液葡萄糖浓度从 1 g/L 增加到 10 g/L，培养液有效磷含量从 78.43 mg/L 显著增加到 385.51 mg/L，当葡萄糖浓度从 10 g/L 增加到 20 g/L 时，溶磷量从 385.51 mg/L 增加到 396.26 mg/L，增加量不显著（$p<0.05$），培养液葡萄糖浓度以 10 g/L 为宜；培养液硫酸铵浓度从 0.05 g/L 增加到 1 g/L，拉恩氏菌 W25 培养液 OD_{600} 从 0.20 增加到 0.65，但是培养液有效磷含量从 412.48 mg/L 减少到 336.57 mg/L，高浓度的硫酸铵有利于拉恩氏菌 W25 的生长，菌株溶磷能力受到抑制，因此培养液硫酸铵浓度以 0.1 g/L 为宜；合适的硝铵配比有助于菌株的生长和溶磷能力的发挥，硝态氮和铵态氮比例为 25：75 和 50：50 时，菌株的溶磷量比单独以硫酸铵为氮源高 6.27% 和 6.31%；外加磷源浓度小于 20 μg/mL，对拉恩氏菌 W25 溶磷能力的影响较小，当外加磷源浓度大于 20 μg/mL，随着外加磷源浓度的增加，对拉恩氏菌 W25 溶磷能力的影响越大。

（3）不同碳氮磷源条件下拉恩氏菌 W25 产酸的种类不同。在不同碳源条件下，拉恩氏菌 W25 以葡萄糖为碳源产生甲酸和乙酸；以乳糖为碳源，产生草酸和琥珀酸；以蔗糖为碳源，产生乳酸和丙酸；以甘露醇为碳源，只产生琥珀酸；以淀粉为碳源在培养液中只产生的草酸；不同氮源条件下，拉恩氏菌 W25 以铵态氮为氮源产生甲酸和乙酸，以硝态氮为氮源产生草酸和琥珀酸，以硝酸铵为氮源还产生柠檬酸；不同磷源条件下，拉恩氏菌 W25 在磷酸铝培养液中仅有草酸，在磷酸铁培养液中可以产生草酸、甲酸和琥珀酸，以磷酸二氢钾为磷源可以分泌甲酸和乳酸。溶磷微生物溶磷能力的大小不仅与产酸的种类有关,而且还与酸的含量有关。

(4)不同碳源、氮源、磷源条件下拉恩氏菌 W25 溶磷能力不同,不仅与产酸的种类有关,还与产酸的含量有关,同一有机酸,浓度越大,对磷酸盐中磷素的活化能力越强;拉恩氏菌 W25 在磷酸铁培养液中的溶磷量显著高于磷酸铝培养液中的溶磷量,W25 在磷酸铁和磷酸铝培养液中都产生草酸,在磷酸铁培养液中草酸含量比在磷酸铝培养液中草酸含量多,仅为 129.57 μg/mL,在磷酸铁培养液中产生酸的种类也比磷酸铝多。

5　不同溶磷细菌组合及溶磷条件的研究

菌株单独纯培养可能导致其活性丧失或者菌种退化,各种具有不同功能或者具有同一功能的不同菌株混合培养能减少或者避免菌株能力下降;单菌株在土壤中定殖能力差,组合菌株具有对土壤环境较强的适应能力,可以与土著微生物竞争生态位,因此在土壤中的定殖能力强,对土壤磷素养分、作物增产和品质改善的影响大于单菌株(Kundu,1984;Belimov,1995;Yu,2011;高宏峰,2012),因此实际应用中在功能微生物的研究方面对组合菌株的研究意义大于单菌株。

本试验中最终筛选的13株溶磷细菌中有肠杆菌、拉恩氏菌、蜡样芽孢杆菌及假单胞菌,有研究表明,肠杆菌属于机会病原菌,在肥料生产上不宜使用,因此本研究以1株拉恩氏菌、1株蜡样芽孢杆菌、2株假单胞菌为研究对象,研究不同溶磷细菌组合对磷酸三钙的溶解能力,根据不同溶磷细菌组合溶磷能力的大小确定最佳溶磷细菌组合;培养基的组成成分和培养条件影响着溶磷细菌的生长和溶磷能力的发挥(刘青海,2011;刘文干,2012),本试验对磷酸三钙溶解能力最大的溶磷细菌组合在不同碳源、不同氮源、不同初始 pH、不同氯化钠加入量、不同接菌量条件下的溶磷能力进行了研究,并且通过正交试验设计对组合溶磷细菌的培养条件进行了优化。

5.1　试验设计与分析项目

5.1.1　试验设计

前期实验室从山西石灰性土壤中分离筛选出来的溶磷细菌,1株蜡样芽孢杆菌,1株拉恩氏菌,假单胞菌1和假单胞菌2。首先研究不同菌株组合的拮抗特性,根据最佳溶磷能力确定菌株的最佳组合,通过单因子试验和正交试验,对组合菌株的溶磷能力进行优化。

5.1.2 分析项目和方法

1）不同溶磷细菌及组合拮抗试验

将活化好的蜡样芽孢杆菌在固体平板培养基上分别与拉恩氏菌、假单胞菌1、假单胞菌2交叉划线，将活化好的拉恩氏菌在另一平板上与假单胞菌1、假单胞菌2交叉划线，将活化好的菌株假单胞菌1与假单胞菌2交叉划线在平板上交叉划线，将活化好的蜡样芽孢杆菌、拉恩氏菌与假单胞菌1或假单胞菌2三株菌在固体平板上交叉划线，并相交于一点，将活化好的假单胞菌1与假单胞菌2、拉恩氏菌或蜡样芽孢杆菌在固体平板上交叉划线，并相交于一点，将活化好的固体平板放在恒温培养箱中，28℃培养2～3 d，观察平板各交叉点菌株生长状况。各平板交叉点菌株不生长或生长差，说明两菌株之间存在拮抗关系，如果交叉点之间菌落长势良好，则说明菌株之间无拮抗反应。

2）不同溶磷细菌及组合对磷酸三钙溶解能力的测定

不同溶磷细菌及其组合处理如表5-1所示，在250 mL三角瓶中加入100 mL已灭菌的溶磷细菌发酵培养基，将不同溶磷细菌及其组合分别接种在发酵液体培养基中，单一溶磷细菌接菌量为1 mL，组合溶磷细菌接菌总量也为1 mL，各组合不同溶磷细菌接菌量体积相同，将接种不同溶磷细菌菌液的三角瓶于30℃、150 r/min振荡培养，培养7 d后取发酵液在4℃ 6 000 r/min离心10 min，取上清液测定发酵液中有效磷的含量和菌液的OD_{600}，并设置不接菌处理，每个处理重复3次。

3）不同碳源对组合溶磷细菌溶磷量的影响

在溶磷细菌发酵培养基中，分别以蔗糖、甘露醇、麦芽糖、淀粉等质量代替葡萄糖为碳源，其他成分不变，接种溶磷细菌培养测定培养液有效磷含量、pH和菌液的OD_{600}，确定最佳碳源。

4）不同氮源对组合溶磷细菌溶磷量的影响

在溶磷细菌发酵培养基中确定最佳碳源后，以硝酸钾、氯化铵、尿素、硝酸钠为氮源替换硫酸铵（摩尔质量相同），其他成分不变，接种溶磷细菌培养，测定培养液有效磷含量。

5）不同氯化镁浓度对组合溶磷细菌溶磷量的影响

在溶磷细菌发酵培养基中，分别在每升培养液中加入氯化镁1.0、2.5、5.0、7.5、10.0 g，培养基其他成分不变，接种溶磷细菌培养，测定培养液有效磷含量。

6)不同氯化钠加入量对组合溶磷细菌溶磷量的影响

在溶磷细菌发酵培养基中,分别在每升培养液中加入氯化钠 0.1、0.3、0.5、0.7、1.0 g,培养基其他成分不变,接种溶磷细菌培养,测定培养液有效磷含量。

7)培养液初始 pH 不同对组合溶磷细菌溶磷量的影响

在溶磷细菌发酵培养基中,调节培养液的 pH 分别为 4、5、6、7、8、9,将溶磷细菌接种在不同初始 pH 的发酵培养基中,培养后测定培养液有效磷含量。

8)不同装液量对组合溶磷细菌溶磷量的影响

在 250 mL 三角瓶中分别加入 25、50、75、100、150 mL 已灭菌的溶磷细菌发酵液体培养基,按培养液体积的 1% 接入溶磷细菌菌液,于 30℃、150 r/min 振荡培养,培养 7 d 后取发酵液在 4℃ 6 000 r/min 离心 10 min,取上清液测定发酵液中有效磷的含量、培养液 pH 和菌液的 OD_{600},并设置不接菌处理,每个处理重复 3 次。

表 5-1　不同溶磷细菌及其组合处理

Tab. 5-1　Different treatment of soluble phosphorus bacteria and their combination

编号 (number)	不同溶磷细菌及其组合处理 (different phosphorus solubilizing bacteria and combination)
1	蜡样芽孢杆菌
2	拉恩氏菌
3	假单胞菌 1
4	假单胞菌 2
5	蜡样芽孢杆菌＋拉恩氏菌
6	蜡样芽孢杆菌＋假单胞菌 1
7	蜡样芽孢杆菌＋假单胞菌 2
8	拉恩氏菌＋假单胞菌 1
9	拉恩氏菌＋假单胞菌 2
10	假单胞菌 1＋假单胞菌 2
11	蜡样芽孢杆菌＋拉恩氏菌＋假单胞菌 1
12	蜡样芽孢杆菌＋拉恩氏菌＋假单胞菌 2
13	蜡样芽孢杆菌＋假单胞菌 1＋假单胞菌 2
14	拉恩氏菌＋假单胞菌 1＋假单胞菌 2
15	蜡样芽孢杆菌＋拉恩氏菌＋假单胞菌 1＋假单胞菌 2
16	CK(不接菌)

9) 不同接菌量对组合溶磷细菌溶磷量的影响

在 250 mL 三角瓶中加入 100 mL 已灭菌的溶磷细菌发酵培养基,接菌量分别为培养液体积的 0.5%、1.0%、1.5%、2.0%、3.0%,培养后测定培养液有效磷含量、pH 以及菌液光密度 OD_{600}。

10) 组合溶磷细菌最佳溶磷能力和最佳生长条件的优化

在单因子试验的基础上,用正交试验表 $L_9(3^4)$ 设计试验,对组合溶磷细菌最佳溶磷能力和最佳生长条件优化,实验设计如表 5-2 所示。将组合溶磷细菌接种在相应的培养条件下,于 30℃、150 r/min 振荡培养,培养 7 d 后取发酵液在 4℃ 6 000 r/min 离心 10 min ,取上清液测定发酵液中有效磷的含量和菌液的 OD_{600},并设置不接菌处理,每个处理重复 3 次,根据各培养条件下的结果分析得出最佳生长条件。

表 5-2 组合菌株最佳溶磷能力和生长条件正交试验因素及水平

Tab. 5-2 Orthogonal test factors and levels of the best dissolved phosphorus ability and growth conditions with combination of strains

水平(level)	因素(factor)			
	葡萄糖/(g/L)	硫酸铵/(g/L)	初始 pH	接菌量/%
1	5	0.067	6	1
2	10	0.1	7	2
3	15	0.132	8	3

5.2 结果与分析

5.2.1 不同菌株拮抗试验

各菌株之间的拮抗试验结果如表 5-3 所示。由表 5-3 可知,蜡样芽孢杆菌分别与拉恩氏菌、假单胞菌 1、假单胞菌 2 无拮抗关系,拉恩氏菌分别与假单胞菌 1、假单胞菌 2 无拮抗关系,假单胞菌 1 与假单胞菌 2 也无拮抗关系,蜡样芽孢杆菌＋拉恩氏菌＋假单胞菌 1 或假单胞菌 2、拉恩氏菌＋假单胞菌 1＋假单胞菌 2、蜡样芽孢杆菌＋假单胞菌 1＋假单胞菌 2、蜡样芽孢杆菌＋拉恩氏菌＋假单胞菌 1＋假单胞菌 2 都无拮抗关系。

表 5-3　不同组合溶磷细菌之间拮抗试验结果

Tab. 5-3　Test results of antagonism effect between different combinations of phosphorus bacteria

溶磷细菌及组合 (PSB and combination)	蜡样芽孢杆菌 （waxy bacillus）	拉恩氏菌 （rahnella）	假单胞菌1 （pseudomonas 1）	假单胞菌2 （pseudomonas 2）
蜡样芽孢杆菌	—	—	—	—
拉恩氏菌		—	—	—
假单胞菌1			—	—
假单胞菌2				
蜡样芽孢杆菌＋拉恩氏菌	—		—	—
拉恩氏菌＋假单胞菌1				—
假单胞菌1＋假单胞菌2	—			
蜡样菌＋拉恩氏菌＋假单胞菌1				—

注："＋"表示菌株之间有拮抗，"－"表示菌株之间无拮抗。

5.2.2　不同溶磷细菌及组合对磷酸三钙的溶解能力

不同溶磷细菌及组合处理培养液有效磷含量如表 5-4 所示。由表 5-4 可知拉恩氏菌＋假单胞菌 2 培养液有效磷含量与单菌株拉恩氏菌、假单胞菌 2 相比,培养液有效磷含量分别增加了 196.3、18.3 mg/L,拉恩氏菌和假单胞菌 2 在溶解磷酸三钙过程中表现出协同增效的作用;同样,拉恩氏菌＋假单胞菌 1、假单胞菌1＋假单胞菌 2、蜡样芽孢杆菌＋假单胞菌 1 培养液有效磷含量都大于单菌株培养液有效磷含量;拉恩氏菌＋蜡样芽孢杆菌培养液有效磷含量为 375.1 mg/L,与单菌株拉恩氏菌和蜡样芽孢杆菌培养液有效磷含量相比分别减少了 10.4 mg/L 和 15.5 mg/L,减少量差异不显著($p<0.05$);蜡样芽孢杆菌＋假单胞菌 2 培养液有效磷含量比蜡样芽孢杆菌培养液有效磷含量多了 131.8 mg/L,比假单胞菌培养液有效磷含量减少了 35.3 mg/L;不同溶磷细菌组合中,拉恩氏菌＋假单胞菌 1＋假单胞菌 2 培养液有效磷含量最高,为 609.1 mg/L,分别比单菌株拉恩氏菌、假单胞菌 1、假单胞菌 2 增加了 223.6、124.5、45.6 mg/L,培养液有效磷含量增加效果显著,比拉恩氏菌＋假单胞菌 1、拉恩氏菌＋假单胞菌 2、假单胞菌 1＋假单胞菌 2 分别增加了 37.2、27.3、15.9 mg/L,根据不同溶磷细菌及组合对磷酸三钙溶解能力的大小,确定最佳溶磷细菌组合为拉恩氏菌＋假单胞菌1＋假单胞菌 2。

表 5-4 不同溶磷细菌及组合培养液有效磷含量

Tab. 5-4 Available phosphorus content of different soluble phosphorus bacteria and their combination medium

不同溶磷细菌及其组合处理 （different phosphorus solubilizing bacteria and combination）	培养液有效磷含量 （the content of available phosphorus）/（mg/L）
蜡样芽孢杆菌	390.0f
拉恩氏菌	385.5f
假单胞菌 1	484.6e
假单胞菌 2	563.5c
蜡样芽孢杆菌＋拉恩氏菌	375.1f
蜡样芽孢杆菌＋假单胞菌 1	503.4de
蜡样芽孢杆菌＋假单胞菌 2	522.4d
拉恩氏菌＋假单胞菌 1	571.9bc
拉恩氏菌＋假单胞菌 2	581.8abc
假单胞菌 1＋假单胞菌 2	593.2ab
蜡样芽孢杆菌＋拉恩氏菌＋假单胞菌 1	490.4e
蜡样芽孢杆菌＋拉恩氏菌＋假单胞菌 2	528.2d
蜡样芽孢杆菌＋假单胞菌 1＋假单胞菌 2	555.1c
拉恩氏菌＋假单胞菌 1＋假单胞菌 2	609.1a
蜡样芽孢杆菌＋拉恩氏菌＋假单胞菌 1＋假单胞菌 2	576.6bc
CK（不接菌）	31.4g

5.2.3 不同条件对拉恩氏菌＋假单胞菌 1＋假单胞菌 2 溶磷能力的影响

1）不同碳源对拉恩氏菌＋假单胞菌 1＋假单胞菌 2 溶磷能力的影响

拉恩氏菌＋假单胞菌 1＋假单胞菌 2 在不同碳源条件下培养液 OD_{600}、pH 以及有效磷含量如表 5-5 所示。

表 5-5 不同碳源拉恩氏菌＋假单胞菌 1＋假单胞菌 2 培养液 OD$_{600}$、pH 以及有效磷含量
Tab. 5-5 OD$_{600}$, pH and available phosphorus content of different carbon sources with Larne type bacteria＋Pseudomonas 1＋Pseudomonas 2 medium

不同碳源 (different carbon)	OD$_{600}$	pH	培养液有效磷含量 (the content of available phosphorus)/(mg/L)
葡萄糖	0.28±0.02c	3.54±0.02e	609.10±18.96a
甘露醇	0.53±0.02b	3.92±0.02d	371.66±4.31b
麦芽糖	0.06±0.01d	6.05±0.11b	89.32±6.16d
淀粉	0.07±0.01d	6.44±0.07a	71.61±1.07e
蔗糖	0.62±0.01a	4.17±0.09c	200.29±8.56c

由表 5-5 可知,不同碳源对拉恩氏菌＋假单胞菌 1＋假单胞菌 2 生长量、培养液 pH 以及有效磷的含量影响较大,以葡萄糖为碳源的培养液有效磷含量显著大于以其他碳源时的溶磷能力,以葡萄糖为碳源培养液有效磷含量为 609.10 mg/L,以甘露醇为碳源溶磷能力次之,为 371.66 mg/L,以麦芽糖和淀粉为碳源拉恩氏菌＋假单胞菌 1＋假单胞菌 2 培养液有效磷含量分别为 89.32、71.61 mg/L;培养液 pH 在以葡萄糖为碳源时最低,为 3.54,以甘露醇和蔗糖为碳源时培养液 pH 分别为 3.92、4.17,在麦芽糖和淀粉为碳源培养液 pH 都在 6 以上,拉恩氏菌＋假单胞菌 1＋假单胞菌 2 在以葡萄糖为碳源条件下产酸能力较强,培养液 pH 降低幅度大,培养液有效磷含量也较高,以麦芽糖和淀粉为碳源,产酸能力弱,培养液 pH 降低幅度小,培养液有效磷含量低。

2)不同氮源对拉恩氏菌＋假单胞菌 1＋假单胞菌 2 溶磷能力的影响

以葡萄糖为碳源分别以硫酸铵、氯化铵、硝酸钠、硝酸钾和尿素为氮源,研究不同氮源对拉恩氏菌＋假单胞菌 1＋假单胞菌 2 溶磷能力的影响,结果如图 5-1 所示。由图 5-1 可知不同氮源条件下拉恩氏菌＋假单胞菌 1＋假单胞菌 2 培养液有效磷含量在 525.3～601.9 mg/L,以硫酸铵为氮源培养液有效磷含量最高,为 601.9 mg/L,以氯化铵为氮源溶磷量最小,为 525.3 mg/L,拉恩氏菌＋假单胞菌 1＋假单胞菌 2 在不同氮源条件下的溶磷能力大小依次为硫酸铵＞硝酸钾＞硝酸钠＞尿素＞氯化铵。

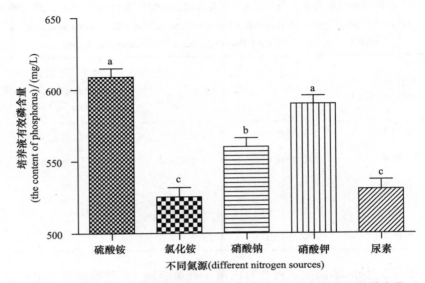

图 5-1 不同氮源拉恩氏菌＋假单胞菌 1＋假单胞菌 2 培养液有效磷含量

Fig. 5-1 Available phosphorus content of different nitrogen sources with Larne type bacteria＋pseudomonas 1＋pseudomonas 2 medium

3）不同氯化钠加入量对拉恩氏菌＋假单胞菌 1＋假单胞菌 2 溶磷能力的影响

Na^+ 是对微生物生长影响较大的无机盐离子，培养基中适当的氯化钠浓度对维持微生物菌体的渗透压具有重要作用，促进溶磷细菌的生长和溶磷能力的发挥，培养液中氯化钠浓度太高会导致微生物菌体细胞渗透压增加，菌体生长受限，溶磷能力下降。培养液中不同氯化钠加入量对拉恩氏菌＋假单胞菌 1＋假单胞菌 2 溶磷能力的影响如图 5-2 所示。由图可知，氯化钠加入量为 0.1～0.3 g/L，培养液有效磷含量为 611.9～621.1 mg/L，当氯化钠加入量为 0.3～0.5 g/L 时，培养液有效磷含量显著下降 30.8 mg/L，加入量为 0.7～1.0 g/L 时，培养液有效磷降低 15.3 mg/L，降低不显著。

4）不同培养液初始 pH 对拉恩氏菌＋假单胞菌 1＋假单胞菌 2 溶磷能力的影响

培养液 pH 影响微生物生物膜表面电荷的性质及通透性，并且还影响着培养基中营养物质的离子化程度，对微生物的生长和性能的发挥有重要的作用，培养液不同初始 pH 对组合菌株溶磷能力的影响如图 5-3 所示。

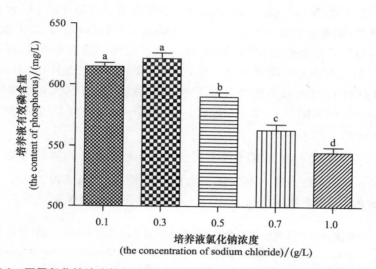

图 5-2　不同氯化钠浓度拉恩氏菌＋假单胞菌 1＋假单胞菌 2 培养液有效磷含量

Fig. 5-2　Available phosphorus content of different concentration of sodium chloride with Larne type bacteria＋Pseudomonas 1＋Pseudomonas 2 medium

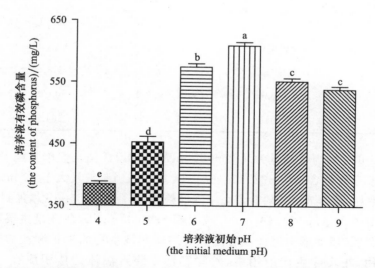

图 5-3　不同初始 pH 拉恩氏菌＋假单胞菌 1＋假单胞菌 2 培养液有效磷含量

Fig. 5-3　Available phosphorus content of different initial pH with Larne type bacteria＋Pseudomonas 1＋Pseudomonas 2 medium

　　由图 5-3 可知,拉恩氏菌＋假单胞菌 1＋假单胞菌 2 对培养液 pH 表现出较广泛的适应能力,培养液初始 pH 在 4～9 时都具有一定的溶磷能力,培养液初始 pH 在 4～7 时,随着培养液初始 pH 的增加,培养液有效磷含量显著增加,在培养液初始 pH 为 7.0 时,培养液有效磷含量最高,为 609.1 mg/L,当 pH＞7 时,随着培养液初始 pH 的增加,培养液有效磷含量下降,培养液初始 pH 从 7.0 增加到 8.0,培养液有效磷含量显著减少了 56.9 mg/L,拉恩氏菌＋假单胞菌 1＋假单胞菌 2 培养液初始 pH 应调节在 7.0。

　　5)不同装液量对拉恩氏菌＋假单胞菌 1＋假单胞菌 2 溶磷能力的影响

　　在 250 mL 三角瓶中装入不同体积的液体培养基,不同装液量条件下拉恩氏菌＋假单胞菌 1＋假单胞菌 2 培养液 OD_{600}、pH 以及有效磷含量如表 5-6 所示。

表 5-6　不同装液量拉恩氏菌＋假单胞菌 1＋假单胞菌 2 培养液中 OD_{600}、pH 及有效磷含量
Tab. 5-6　OD_{600}, pH and available phosphorus content of different volume of liquid with Larne type bacteria＋Pseudomonas 1＋Pseudomonas 2 medium

装液体积 （volume） /mL	OD_{600}	pH	培养液有效磷含量 （the content of available phosphorus）/(mg/L)
25	0.30±0.01a	3.46±0.01c	623.12±17.08b
50	0.32±0.02a	3.38±0.02d	681.14±11.21a
75	0.31±0.01a	3.49±0.03c	613.90±9.08b
100	0.28±0.02ab	3.54±0.02b	609.08±13.89b
150	0.25±0.01b	3.61±0.03a	584.02±8.54c

　　由表 5-6 可知当装液量为从 25～50 mL 时,拉恩氏菌＋假单胞菌 1＋假单胞菌 2 培养液有效磷含量为 623.12～681.14 mg/L;当装液量大于 50 mL 时,随着装液量的增加,培养液有效磷含量呈下降的趋势,装液量从 50 mL 增加到 150 mL,培养液有效磷含量从 681.14 mg/L 减少到 584.02 mg/L,装液量主要影响培养液中的溶解氧,培养液中过多或者过少的溶氧对微生物的生长和能力的发挥都有抑制作用,在实际生产应用中,发酵容器中装入液体的体积应在 1/2～2/3 为宜。

　　6)不同接菌量对拉恩氏菌＋假单胞菌 1＋假单胞菌 2 溶磷能力的影响

　　接菌量直接影响着培养液中菌株的生长周期,也影响着代谢产物及菌株能力

的发挥,不同接菌量条件下拉恩氏菌＋假单胞菌 1＋假单胞菌 2 培养液 OD_{600}、pH 以及有效磷含量如表 5-7 所示。由表可知,接菌量为 0.5%～3%,拉恩氏菌＋假单胞菌 1＋假单胞菌 2 溶磷能力逐渐减弱,培养液有效磷含量从 652.73 mg/L 降低到 589.69 mg/L;随着接菌量的增加,培养液中组合溶磷细菌生长量增加,培养液 OD_{600} 从 0.20 增加到 0.36。

表 5-7　不同接菌量拉恩氏菌＋假单胞菌 1＋假单胞菌 2 培养液中 OD_{600}、pH 及有效磷含量
Tab. 5-7　OD_{600} ,pH and available phosphorus content of different amount of inoculation with Larne type bacteria＋Pseudomonas 1＋Pseudomonas 2 medium

接菌量 (inoculum)/%	OD_{600}	pH	培养液有效磷含量 (the content of available phosphorus)/(mg/L)
0.5	0.20±0.01c	3.60±0.02	652.73±13.20a
1	0.28±0.02b	3.54±0.02	609.10±10.03bc
1.5	0.31±0.01b	3.57±0.03	614.19±5.73b
2	0.35±0.01a	3.59±0.01	595.10±4.96cd
3	0.36±0.02a	3.58±0.01	589.69±9.56d

5.2.4　拉恩氏菌＋假单胞菌 1＋假单胞菌 2 最佳溶磷条件和生长条件研究

1)拉恩氏菌＋假单胞菌 1＋假单胞菌 2 对磷酸三钙最佳溶磷条件的研究

选择以葡萄糖为碳源,硫酸铵为氮源,研究拉恩氏菌＋假单胞菌 1＋假单胞菌 2 对磷酸三钙最佳溶磷能力的条件,通过正交试验设计,选择 A 葡萄糖(加入量分别为 5、10、15 g/L),B 硫酸铵(0.067、0.1、0.13 g/L),培养液初始 pH(6、7、8)和接菌量(1%、2%、3%),试验设计及结果如表 5-8 所示。由表 5-8 中极差 R 的大小可知四个因素对拉恩氏菌＋假单胞菌 1＋假单胞菌 2 溶磷能力的影响大小依次为葡萄糖＞pH＞接菌量＞硫酸铵,以拉恩氏菌＋假单胞菌 1＋假单胞菌 2 在磷酸三钙液体培养基中的溶磷能力为研究对象,最佳培养方案为葡萄糖 15 g/L,硫酸铵为 0.67 g/L,培养液初始 pH 为 7,接菌量 1%,经过进一步实验,拉恩氏菌＋假单胞菌 1＋假单胞菌 2 在优化后的培养条件下对磷酸三钙的溶解能力为 664.29 mg/L,比在普通发酵培养液中的溶磷量显著增加 55.19 mg/L($p<0.05$)。

表 5-8　拉恩氏菌＋假单胞菌 1＋假单胞菌 2 最佳溶磷条件正交试验结果

Tab. 5-8　The orthogonal test results of best dissolved phosphorus conditions with Larne type bacteria＋Pseudomonas 1＋Pseudomonas 2

编号	A 碳源 葡萄糖 (glucose)/g	B 氮源 硫酸铵 (ammonium sulfate)/g	C 初始 pH (initial pH)	D 接菌量 (inoculum)	培养液有效磷含量 (the content of availabl phosphorus)/(mg/L)
1	1(5)	1(0.067)	1(6)	1(1%)	330.34
2	1(5)	2(0.1)	2(7)	2(2%)	309.67
3	1(5)	3(0.132)	3(8)	3(3%)	243.15
4	2(10)	1(0.067)	2(7)	3(3%)	633.71
5	2(10)	2(0.1)	3(8)	1(1%)	590.00
6	2(10)	3(0.132)	1(6)	2(2%)	617.30
7	3(15)	1(0.067)	3(8)	2(2%)	618.65
8	3(15)	2(0.1)	1(6)	3(3%)	657.72
9	3(15)	3(0.132)	2(7)	1(1%)	694.51
K1	883.16	1 582.70	1 605.35	1 614.85	4 695.05
K2	1 841.01	1 557.39	1 637.89	1 545.62	
K3	1 970.88	1 554.96	1 451.80	1 490.87	
M1	294.39	527.57	535.12	538.28	
M2	613.67	519.13	545.96	515.21	
M3	656.96	518.32	483.93	496.96	
R	362.57	9.25	62.03	41.33	

　　2)拉恩氏菌＋假单胞菌 1＋假单胞菌 2 对磷酸三钙最佳生长条件的研究

　　拉恩氏菌＋假单胞菌 1＋假单胞菌 2 在磷酸三钙液体培养基生长最佳条件试验设计及结果如表 5-9 所示。由表 5-9 可知,各因素极差的大小依次为葡萄糖＞硫酸铵＞接菌量＞pH,碳源拉恩氏菌＋假单胞菌 1＋假单胞菌 2 的生长影响最大,氮源次之,培养液初始 pH 对组合溶磷细菌的生长影响最小,以拉恩氏菌＋假单胞菌 1＋假单胞菌 2 在磷酸三钙液体培养基中的生长情况为研究对象,最佳培养方案为葡萄糖 15 g/L,硫酸铵为 0.13 g/L,培养液初始 pH 为 7,接菌量 3%。

表 5-9　拉恩氏菌＋假单胞菌 1＋假单胞菌 2 最佳生长条件正交试验结果

Tab. 5-9　The orthogonal test results of best growth conditions with Larne type bacteria＋Pseudomonas 1＋Pseudomonas 2

编号	A 碳源 葡萄糖 (glucose)/g	B 氮源 硫酸铵 (ammonium sulfate)/g	初始 pH (initial pH)	D 接菌量 (inoculum)	生长量 (OD$_{600}$)
1	1(5)	1(0.067)	1(6)	1(1%)	0.09
2	1(5)	2(0.1)	2(7)	2(2%)	0.17
3	1(5)	3(0.132)	3(8)	3(3%)	0.26
4	2(10)	1(0.067)	2(7)	3(3%)	0.29
5	2(10)	2(0.1)	3(8)	1(1%)	0.24
6	2(10)	3(0.132)	1(6)	2(2%)	0.34
7	3(15)	1(0.067)	3(8)	2(2%)	0.29
8	3(15)	2(0.1)	1(6)	3(3%)	0.35
9	3(15)	3(0.132)	2(7)	1(1%)	0.34
K1	0.52	0.67	0.78	0.67	2.37
K2	0.87	0.76	0.81	0.80	
K3	0.98	0.94	0.79	0.85	
M1	0.17	0.22	0.26	0.22	
M2	0.29	0.25	0.27	0.27	
M3	0.33	0.31	0.26	0.28	
R	0.15	0.09	0.01	0.06	

5.3　讨论

拉恩氏菌＋假单胞菌 2、拉恩氏菌＋假单胞菌 1、假单胞菌 1＋假单胞菌 2、蜡样芽孢杆菌＋假单胞菌 1 对磷酸三钙的溶解表现出协同增效的作用,拉恩氏菌＋蜡样芽孢杆菌、蜡样芽孢杆菌＋假单胞菌 2 在溶解磷酸三钙方面没有表现出协同增效的作用,不同溶磷细菌在培养液中的生长情况不同,将不同溶磷细菌接种在同一培养液,不同菌株之间对营养物质的需求会发生竞争关系,导致溶磷细菌溶磷能力减弱,饶正华(2002)研究也表明不同功能菌株之间既有协同作用,也有竞争关系。

功能菌株在发酵液中的数量与其能力的发挥没有明显的关系,饶正华(2002)在研究解钾菌与解有机溶磷细菌、解钾菌与固氮菌的关系时发现,在解钾菌与解有机溶磷细菌培养液、解钾菌与固氮菌培养液中解钾细菌数量比单独培养时分别减少了70.1%和43.6%,但是解钾能力分别增加了24.0%和84.7%;钟传青(2003)研究溶磷细菌对磷矿粉溶磷能力时发现培养液溶磷微生物生物量不决定其溶磷能力。本试验拉恩氏菌+假单胞菌1+假单胞菌2以蔗糖为碳源培养液 OD_{600} 显著大于其他碳源,溶磷量却比以葡萄糖为碳源少 237.44 mg/L,由此可见,溶磷微生物在培养液中生长是其发挥溶磷能力的先决条件,但是菌株在生长最好的条件下溶磷能力不一定发挥最大,溶磷微生物在培养液中的生长与溶磷能力的发挥之间的关系有待进一步研究。

培养液中无机盐金属离子也会对溶磷微生物生长和溶磷能力产生积极的作用。张毅民(2006)研究表明在溶磷细菌培养液中加入 Fe^{3+}、Mn^{2+} 菌株溶磷能力增加;Beever 和 Burns(1980)研究认为培养液中 Na^+ 和 Mg^{2+} 的存在对溶磷微生物的溶磷能力有促进作用;但林启美(2002)研究结果表明,溶磷微生物对无机营养离子的需求较少,在磷矿粉发酵培养液中除去 Fe^{3+}、Mn^{2+}、Mg^{2+} 等金属离子,溶磷能力增强,还能减少磷酸根离子与这些离子形成难溶态磷酸盐。

目前国内大多数溶磷细菌对磷酸三钙的溶解能力在 200 mg/L 以下,朱培森(2007)分离筛选的一株溶磷细菌对磷酸三钙的溶解能力为 606.39 mg/L,王岳坤(2009)筛选出的一株溶磷细菌对磷酸三钙的溶解能力为 626.30 mg/L,任嘉红(2012)等从南方红豆杉根际土壤中分离出的一株溶磷菌溶磷能力为 647.67 mg/L,国外有报道的溶磷细菌对磷酸三钙的溶解能力高达 800 mg/L(Vyas,2010),本试验通过对不同溶磷细菌组合,拉恩氏菌+假单胞菌1+假单胞菌2对磷酸三钙的溶解能力为 609.10 mg/L,通过正交试验对其溶磷能力进行优化后溶磷能力可达 664.29 mg/L,拉恩氏菌+假单胞菌1+假单胞菌2对磷酸三钙具有高效的溶解作用。

5.4　结论

本试验对组合菌株不同条件下的溶磷能力进行了研究,结果如下:

(1)蜡样芽孢杆菌、拉恩氏菌、假单胞菌1和假单胞菌2彼此之间及不同组合都无拮抗关系;拉恩氏菌+假单胞菌1+假单胞菌2对磷酸三钙的溶解能力为 609.10 mg/L,培养液有效磷含量比单菌株拉恩氏菌、假单胞菌1、假单胞菌2分别多 223.6、124.5、45.6 mg/L,比拉恩氏菌＋假单胞菌 1、拉恩氏菌＋假单胞菌 2、假单胞菌 1＋假单胞菌 2 多 37.2、27.3、15.9 mg/L,从不同组合溶磷细菌对磷酸三钙溶解能力方面考虑,确定最佳溶磷细菌组合为拉恩氏菌＋假单胞菌 1＋假单胞菌 2。

(2)拉恩氏菌＋假单胞菌 1＋假单胞菌 2 以葡萄糖为碳源,硫酸铵为氮源培养液有效磷含量为 609.1 mg/L,对碳源的利用顺序依次为葡萄糖＞甘露醇＞蔗糖＞麦芽糖＞淀粉,对氮源的利用顺序依次为硫酸铵＞硝酸钾＞硝酸钠＞尿素＞氯化铵;氯化钠加入量为 0.1～0.3 g/L,培养液有效磷含量为 611.9～621.1 mg/L,当氯化钠加入量为 0.3～0.5 g/L 时,培养液有效磷含量显著下降 30.8 mg/L,加入量为 0.7～1.0 g/L 时,培养液有效磷降低 15.3 mg/L,降低不显著。

(3)培养液初始 pH 由增加到 7,随着培养液 pH 的增加,拉恩氏菌＋假单胞菌 1＋假单胞菌 2 溶磷能力增强,培养液有效磷含量为 384.48～609.10 mg/L;当 pH 从 7 增加到 9,随着培养液 pH 的增加,拉恩式菌＋假单胞菌 1＋假单胞菌 2 溶磷能力减弱,培养液有效磷含量从 609.10 mg/L 减少到 539.42 mg/L,培养液初始 pH 应调为 7.0;在 250 mL 三角瓶中装液量为 25～50 mL 时,培养液有效磷含量为 623.12～681.14 mg/L,当装液量大于 50 mL 时,随着装液量的增加,培养液有效磷含量呈下降的趋势,装液量从 50 mL 增加到 150 mL,培养液有效磷含量从 681.14 mg/L 减少到 584.02 mg/L;接菌量为 0.5%～3%,拉恩氏菌＋假单胞菌 1＋假单胞菌 2 溶磷能力逐渐减弱,培养液有效磷含量从 652.73 mg/L 降低到 589.69 mg/L;随着接菌量的增加,培养液中组合溶磷细菌生长量增加,培养液 OD_{600} 从 0.20 增加到 0.36。

(4)拉恩氏菌＋假单胞菌 1＋假单胞菌 2 最佳生长条件是葡萄糖 15 g/L,硫酸铵 0.13 g/L,培养液初始 pH 为 7,接菌量 3%,各因素对拉恩氏菌＋假单胞菌 1＋假单胞菌 2 生长的影响大小依次为葡萄糖＞硫酸铵＞接菌量＞pH;拉恩氏菌＋假单胞菌 1＋假单胞菌 2 发挥最佳溶磷能力培养基配方:葡萄糖 15 g/L,硫酸铵 0.67 g/L,培养液初始 pH 为 7,接菌量 1%,各因素对拉恩氏菌＋假单胞菌 1＋假单胞菌 2 溶磷能力的影响大小依次为葡萄糖＞pH＞接菌量＞硫酸铵,在最佳培养条件的溶磷能力为 664.29 mg/L,较普通溶磷菌发酵培养基溶磷量显著增加 55.19 mg/L。

6 溶磷细菌对复垦土壤磷吸附解吸的影响

    我国的人均耕地面积仅为世界平均水平的 25%，并且随着经济的发展，人地矛盾日益突出，18 亿亩耕地红线面临严峻挑战；山西省既是储煤大省，更是产煤大省，伴随着近几十年煤炭大面积高强度的开采，采煤区生态环境不断恶化，土地资源破坏尤其严重，人均耕地面积进一步减少，制约着山西省经济和社会的发展，面对因采煤而造成土地严重破坏这一严峻形势，采煤塌陷区土地复垦迫在眉睫，然而采煤塌陷被破坏的土地压实严重，土壤养分极度缺乏，肥力很低，微生物种类和数量少（Bi and Hu，2000），土地复垦难度很大，相关研究表明土地复垦成功的关键在于土壤肥力的提高（胡振琪，1995），复垦土壤肥力的关键在于土壤磷素养分的提高（Chen，1998），因此在复垦土壤上研究磷素对于土地复垦具有重要的意义。

    土壤磷素吸附与解析是土壤磷素研究的重要内容，关系着土壤对外来磷源的固定吸附和释放，也影响着土壤中磷素的作物有效性。王斌（2013）研究了长期施肥对灰漠土磷吸附解吸的影响，结果表明化肥与基质配施可以提高土壤供磷能力，赵庆雷（2014）对长期施肥水稻田土壤磷吸附解吸特性的研究也得出了相同的结论；邱亚群（2013）对不同利用方式的土壤磷吸附解吸特性进行了研究，指出不同利用方式土壤磷吸附解吸特性差异大，应采取不同的磷素管理措施来保证作物产量的同时，又不造成环境问题；张迪（2005）研究了生物基质对土壤磷吸附解吸的影响，认为生物基质可以降低土壤磷的最大吸附量。对复垦土壤磷素吸附解吸的研究也有报道（李晋荣，2013），但溶磷细菌对复垦土壤磷吸附解析影响的研究报道较少。溶磷微生物发挥作用的关键是可以很好地在接种的作物或土壤根际定殖，近年来人们在复垦土壤上接种丛枝菌根真菌（AM）做了大量的研究，并取得了很好的效果，关于溶磷细菌在复垦土壤上对土壤溶磷细菌数量的影响研究也较少。基于上述两个方面，本文通过室内培养的方法研究了溶磷细菌在采煤塌陷复垦土壤上对土壤溶磷细菌数量的影响，并研究了溶磷细菌对复垦土壤磷素吸附解吸的影响，为复垦土壤上溶磷细菌的使用提供指导，为复垦土壤磷素养分的提高和增强土壤中磷的作物有效性提供理论基础。

6.1 试验设计与分析项目

6.1.1 试验设计

试验菌株:第 5 章筛选出的对磷酸三钙具有高效溶解能力的溶磷细菌组合拉恩氏菌＋假单胞菌 1＋假单胞菌 2,将拉恩氏菌、假单胞菌 1、假单胞菌 2 共同接种在溶磷细菌活化培养基中,培养 24 h 后取样检测计数,待菌数大于 10^8 CFU/mL 备用。

供试土壤:山西襄垣采煤塌陷复垦地第二年土壤,土壤的 Olsen-P 为 4.35 mg/kg,有机质为 9.45 g/kg,全氮 0.31 g/kg,全钾 17.8 g/kg,全磷 0.43 g/kg,碱解氮为 18.74 mg/kg,土壤 pH 为 8.21,平板稀释土壤中细菌数量为 $3.1×10^3$,平板上未长出真菌和放线菌。

将复垦土壤风干过筛后装入塑料小盆中,每盆称土 500 g,将活化好的拉恩氏菌＋假单胞菌 1＋假单胞菌 2 发酵液与小盆中的复垦土壤充分混匀,再加入蒸馏水使盆中土壤水分保持在 10%,各处理试验设计如表 6-1 所示。总共 7 个处理,每个处理重复三次,放置室温条件下,定期管理,分别在 1、7、15、30、60 d 取样测定土壤中溶磷细菌的数量,采集第 60 天的土样并风干测定土壤中有效磷、pH、有机磷和磷酸酶的含量以及磷的吸附解吸特性。

表 6-1 溶磷细菌对复垦土壤磷吸附解吸试验设计

Tab. 6-1 Experiment design of reclaimed soil phosphorus adsorption and desorption of phosphorus bacteria

处理 (treatment)	溶磷细菌菌液 (bacteria liquid) /(mL/盆)	尿素 (urea) /(g/盆)	葡萄糖 (glucose) /(g/盆)	基质 (matrix) /(g/盆)
空白	0	0	0	0
基质对照	0	0	0	40
溶磷细菌	5	0	0	0
溶磷细菌＋葡	5	0	10	0
溶磷细菌＋尿	5	1	0	0
溶磷细菌＋葡＋尿	5	1	10	0
溶磷细菌＋葡＋尿＋基质	5	1	10	40

6.1.2 分析项目与方法

1) 溶磷细菌数量的测定

称取 10 g 新鲜土样溶于 90 mL 无菌水中,用 10 倍稀释法分别配制 10^{-5}、10^{-6}、10^{-7} 的土壤悬液,吸取 0.1 mL 分别涂布至溶磷细菌计数培养基固体平板上,28℃培养 3～5 d,观察计数。

2) 土壤有效磷(Olsen-P)的测定

称取过 1 mm 筛的风干土样 2.5 g 于 250 mL 三角瓶中,加入 0.5 mol/L NaHCO$_3$ 50 mL,在 180 r/min 的振荡机上振荡 30 min 后过滤,吸取一定体积的滤液加入钼锑抗显色定容,在 700 nm 条件下比色测定。

3) pH 的测定

称取过 1 mm 筛的风干土样 20 g,加蒸馏水 20 mL,用玻璃棒搅拌 30 s,用 pH 计直接测定。

4) 有机磷的测定

土壤有机磷的测定采用灼烧后硫酸浸提的方法测定。称取一定量的土样放在瓷坩埚中,在 550℃的高温电炉灼烧 1 h,灼烧后用 0.2 mol/L 硫酸浸提,另取一份同质量的土样不经灼烧直接用 0.2 mol/L 硫酸浸提,将浸提液过滤,用钼锑抗比色法测定灼烧后和未灼烧土壤中磷的量,灼烧后土壤磷的量与未灼烧土壤磷的量的差值即为土壤有机磷的含量。

5) 酸性(碱性)磷酸酶的测定

称取过 1 mm 筛的风干土样 2.5 g,加入磷酸苯二钠和酸性(碱性)缓冲液各 5 mL,于 37℃培养 2 h,培养结束后过滤,吸取滤液 1 mL 于 50 mL 容量瓶中,加 5 mL pH 9.0 的硼酸盐缓冲液,再加入 2.5% 铁氰化钾和 0.5% 4-氨基安替比林显色液各 3 mL,充分摇匀,加水定容,颜色稳定 20～30 min,在波长 570 nm 条件下比色。

6) 磷的吸附解吸特性的测定

(1) 磷的吸附等温曲线:称取过 1 mm 筛的风干土样 7 份,每份 2.5 g 于 50 mL 离心管中,用 0.01 mol/L CaCl$_2$ 溶液配制含磷量为 0、10、20、40、60、100、150 μg/mL 的不同浓度的磷标准溶液,分别加入上述 7 份土中,加入 3～5 滴甲苯以抑制微生物的活动,将加入不同浓度磷溶液的离心管在 28℃恒温振荡 1 h 后静置 24 h 离心(10 min,3 500 r/min),吸取离心后的上清液用钼锑抗比色法测定平衡溶液中磷的含量,加入磷的量与平衡后溶液中磷含量的差值即为土壤吸附磷的量。以土壤吸附的磷量为纵坐标,平衡溶液磷浓度为横坐标作土壤磷等温曲线图,磷吸附率＝(土壤吸附磷的量/土壤中加入磷的量)×100,并通过 Langmuir 方程进行拟合,得出土壤最大吸磷量(X_m)和吸附能相关常数(k)。

(2)土壤磷解吸率的测定:将上面测定吸附等温曲线中的土壤离心液倒掉,用饱和氯化钠溶液 25 mL 洗涤两次并离心,每次离心之前要确保将离心管底部的土摇起,洗涤后再在每根离心管中加入 0.01 mol/L CaCl$_2$ 25 mL,同时加入 3～5 滴甲苯,在 28℃恒温振荡 1 h 后静置 24 h 离心(10 min,3 500 r/min),吸取离心后的上清液用钼锑抗比色法测定,计算出解吸磷的量,解吸磷的量与土壤吸附磷的量的比值即为土壤磷解吸率。

(3)土壤易解吸磷:加入磷浓度为 0 μg/mL,氯化钙溶液从土壤中浸提出来的磷即为土壤易解吸磷。

6.2　结果与分析

6.2.1　溶磷细菌不同处理对复垦土壤溶磷细菌数量的影响

空白和基质对照处理没有接种溶磷细菌,并且复垦土壤微生物种类和数量少,溶磷细菌数量更少,因此这两个处理的土壤基本不含有溶磷细菌,其余五个处理复垦土壤中都加入溶磷细菌,本试验研究了随着培养时间的延长,五个处理复垦土壤溶磷细菌生长的动态变化,不同溶磷细菌处理在不同培养时间土壤中溶磷细菌数量的对数值如图 6-1 所示。

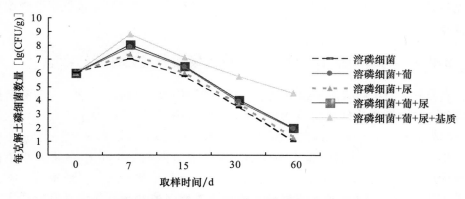

图 6-1　溶磷细菌不同处理复垦土壤溶磷细菌数量动态变化

Fig. 6-1　**Reclamation soil phosphorus bacteria quantity dynamic change with different treatment of phosphorus bacteria**

由图 6-1 可知,溶磷细菌不同处理复垦土壤中溶磷细菌数量在培养第 7 天达到最大值,不同处理复垦土壤溶磷细菌数量多少依次为溶磷细菌＋葡＋尿＋基质＞溶磷细菌＋葡＋尿＞溶磷细菌＋葡＞溶磷细菌＋尿＞溶磷细菌,单施溶磷细菌处理复垦土壤溶磷细菌数量最少,为 1×10^7,菌＋葡＋尿＋基质处理土壤中溶磷细菌数量最多,为 6.5×10^8,溶磷细菌＋葡＋尿处理土壤溶磷细菌数量次之,为 1.2×10^8,溶磷细菌＋葡＋尿＋基质和溶磷细菌＋葡＋尿处理复垦土壤溶磷细菌数量分别是单施溶磷细菌处理的 65 倍和 12 倍,溶磷细菌＋尿处理土壤溶磷细菌为 2.2×10^7,溶磷细菌＋葡处理土壤溶磷细菌数量是单施溶磷细菌处理的 7 倍,复垦土壤上可以提供给微生物生长的营养物质较少,单加溶磷细菌菌液在土壤中生长繁殖慢;溶磷细菌＋葡和溶磷细菌＋葡＋尿处理溶磷细菌可以利用加入的葡萄糖作为碳源,菌＋葡＋尿处理溶磷细菌还可以利用尿素为氮源,溶磷细菌在这两个处理下生长繁殖较快,数量也较多;溶磷细菌＋尿处理溶磷细菌数量仅为菌液的2.2 倍,显著少于菌＋葡和菌＋葡＋尿处理,表明在复垦土壤上,溶磷细菌与碳源配施对于溶磷细菌的生长效果较好,溶磷细菌与氮源共同施用对于溶磷细菌的生长效果不大,提供碳氮源可以很大程度加快溶磷细菌的生长繁殖;溶磷细菌＋葡＋尿＋基质处理的土壤,葡萄糖和尿素可以为溶磷细菌生长提供碳源和氮源,基质既可以为溶磷细菌生长提供营养物质,也可以作为溶磷细菌的吸附载体,溶磷细菌在此处理中生长最快,数量也最多。

随着培养时间的延长,溶磷细菌不同处理土壤中溶磷细菌的数量不断减少,溶磷细菌＋葡＋尿＋基质处理土壤溶磷细菌的数量一直显著高于其他处理;在培养60 d 后,溶磷细菌＋葡＋尿＋基质处理的土壤溶磷细菌数量为 3.3×10^3,远远高于其他各处理,表明溶磷细菌＋葡＋尿＋基质处理可以显著增加复垦土壤溶磷细菌的数量。

6.2.2 溶磷细菌不同处理对复垦土壤部分理化性状的影响

在复垦土壤上接入溶磷细菌,溶磷细菌在土壤中可以通过分泌有机酸和磷酸酶等将土壤难溶态磷转化为有效磷,对土壤有效磷,有机磷以及 pH 会有较大影响,溶磷细菌不同处理土壤有效磷、pH、有机磷、有机质含量如表 6-2 所示。

由表 6-2 可知,溶磷细菌不同处理复垦土壤有效磷(Olsen-P)含量大小依次为溶磷细菌＋葡＋尿＋基质＞基质对照＞溶磷细菌＋葡＋尿＞溶磷细菌＋葡＞溶磷细菌＞溶磷细菌＋尿素＞空白。单加入溶磷细菌处理复垦土壤有效磷含量为7.86 mg/kg,与空白相比增加了 61.7％,单施溶磷细菌可以显著增加复垦土壤有效磷含量($p < 0.05$);溶磷细菌＋葡、溶磷细菌＋葡＋尿处理土壤有效磷与

空白相比也显著增加,分别增加了89.1%和117.9%;基质处理土壤有效磷含量为177.13 mg/kg,溶磷细菌+葡+尿+基质处理土壤有效磷含量为193.76 mg/kg,施用基质可以显著增加土壤有效磷的含量,溶磷细菌+葡+尿+基质处理土壤有效磷含量比单施基质显著增加了9.39%。

表6-2　溶磷细菌不同处理复垦土壤Olsen-P、pH、有机质、有机磷含量

Tab. 6-2　Reclamation soil Olsen-P, pH, organic matter, and organic phosphorus content with different treatment of phosphorus bacteria

不同处理 (different treatment)	olsen-P /(mg/kg)	pH	有机磷 (organophosphorus) /(mg/kg)	有机质 (organic matter) /(g/kg)
空白	4.86±0.42g	8.17±0.025a	112.70±7.07c	9.99±0.65d
基质	177.13±7.17b	8.05±0.031c	224.97±16.02a	27.86±1.24b
溶磷细菌	7.86±0.30e	8.08±0.015bc	103.70±1.67d	10.97±0.94e
溶磷细菌+葡	9.19±0.42d	7.80±0.082d	95.95±2.28e	18.63±1.58c
溶磷细菌+尿	6.99±0.12f	8.09±0.021bc	102.37±1.87d	10.06±0.52d
溶磷细菌+葡+尿	10.59±0.42c	7.79±0.05d	72.88±1.64f	17.95±1.28c
溶磷细菌+葡+尿+基质	193.76±8.41a	7.80±0.015d	172.42±7.59b	32.52±0.85a

　　溶磷细菌不同处理土壤pH大小依次为空白>溶磷细菌+尿≈溶磷细菌>基质对照>溶磷细菌+葡=溶磷细菌+葡+尿+基质≈溶磷细菌+葡+尿。单施溶磷细菌处理与空白处理相比,土壤pH降低了0.09,基质处理土壤pH与空白相比,也显著降低了0.12;溶磷细菌+葡、溶磷细菌+葡+尿、溶磷细菌+葡+尿+基质三个处理土壤的pH与空白相比降低幅度最大,分别降低了0.37、0.38、0.37,且与其他溶磷细菌处理相比差异显著。

　　溶磷细菌不同处理复垦土壤有机磷含量大小依次为基质>溶磷细菌+葡+尿+基质>空白>溶磷细菌+尿≈溶磷细菌>溶磷细菌+葡>溶磷细菌+葡+尿。基质处理土壤有机磷含量最高,为224.97 mg/kg,加入基质可以显著增加土壤有机磷的含量,溶磷细菌+葡+尿+基质处理土壤有机磷含量为172.42 mg/kg,与仅加基质对照处理相比,有机磷含量减少了30.4%,溶磷细菌可以促进有机磷的转化,张林(2012)研究认为接种巨大芽孢杆菌可以使土壤有机磷含量减少;溶磷细菌+葡+尿、溶磷细菌+葡、溶磷细菌、溶磷细菌+尿处理土壤有机磷含量与空白处理相比都显著减少,分别减少了35.3%、14.8%、7.99%、10.1%。

6.2.3 溶磷细菌不同处理对复垦土壤酸性磷酸酶和碱性磷酸酶的影响

溶磷细菌不同处理复垦土壤酸性磷酸酶和碱性磷酸酶含量如图 6-2 所示。

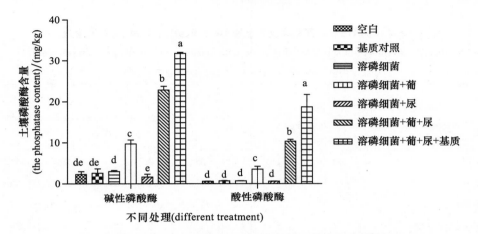

图 6-2　溶磷细菌不同处理复垦土壤碱性磷酸酶和酸性磷酸酶的含量
Fig. 6-2　**Reclamation soil alkaline phosphatase and acid phosphatase content
with different treatment of phosphorus bacteria**

不同溶磷细菌处理碱性磷酸酶含量的大小依次为溶磷细菌＋葡＋尿＋基质＞溶磷细菌＋葡＋尿＞溶磷细菌＋葡＞溶磷细菌＞基质对照≈空白＞溶磷细菌＋尿。加入溶磷细菌发酵液处理碱性磷酸酶含量仅为 3.01 mg/kg,与空白处理、基质对照处理相比差异不显著,仅加入溶磷细菌发酵液对复垦土壤碱性磷酸酶影响较小;溶磷细菌＋葡＋尿＋基质、溶磷细菌＋葡＋尿、溶磷细菌＋葡处理碱性磷酸酶含量依次为 31.8、22.7、9.71 mg/kg,3 个处理碱性磷酸酶含量差异显著,与单施溶磷细菌处理相比土壤碱性磷酸酶含量显著增加,分别增加了 9.56、6.54、2.22 倍。溶磷细菌与葡萄糖同时施用,促进溶磷细菌分泌磷酸酶,溶磷细菌菌液与葡萄糖、尿素同时施用,溶磷细菌分泌磷酸酶的能力进一步增强,将溶磷细菌与葡萄糖、尿素和基质同时施用,溶磷细菌分泌磷酸酶的能力显著增强,土壤中碱性磷酸酶的含量显著高于其他溶磷细菌处理。

溶磷细菌不同处理对复垦土壤酸性磷酸酶含量的影响与对碱性磷酸酶的影响相一致,溶磷细菌＋葡＋尿＋基质处理酸性磷酸酶含量显著高于其他各处理,为 18.67 mg/kg,溶磷细菌菌＋葡＋尿处理次之,为 10.33 mg/kg,溶磷细菌＋葡萄糖＋尿素,溶磷细菌＋葡萄糖＋尿素＋基质施用到复垦土壤中,土壤酸性磷酸酶以及碱性磷酸酶的含量都显著增加。

6.2.4 溶磷细菌不同处理复垦土壤磷吸附特性

1)溶磷细菌不同处理复垦土壤磷的吸附等温曲线

溶磷细菌不同处理复垦土壤在不同浓度的外加磷条件下吸磷量不同,以土壤溶液平衡浓度为横坐标,以土壤吸磷量为纵坐标,作出各处理土壤磷的等温吸附曲线图,同时作出各处理土壤磷的吸附率图,如图 6-3、图 6-4 所示。

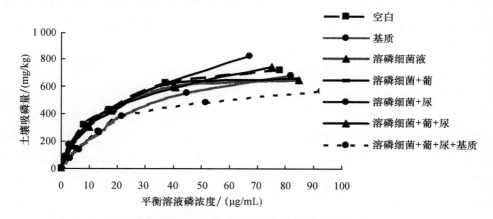

图 6-3 溶磷细菌不同处理复垦土壤磷的等温吸附曲线

Fig. 6-3 Reclamation soil phosphorus isothermal adsorption curve with different treatment of phosphorus bacteria

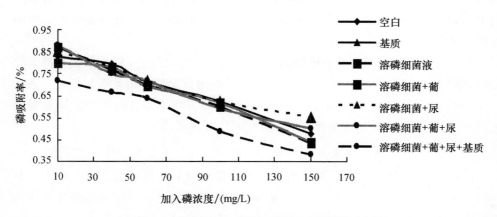

图 6-4 溶磷细菌不同处理复垦土壤磷的吸附率

Fig. 6-4 Reclamation soil adsorption rate of phosphorus with different treatment of phosphorus bacteria

由图 6-3 和图 6-4 可见,不同溶磷细菌处理的土壤在外加磷浓度 $0 \sim 150\ \mu g/mL$ 时,随着外加磷浓度的增加,溶磷细菌不同处理复垦土壤对磷的吸附量逐渐增加,对外源磷吸附率逐渐呈下降的趋势。平衡溶液浓度在 $0 \sim 20\ \mu g/mL$(即外加磷源浓度 $0 \sim 40\ \mu g/mL$)时,各溶磷细菌处理土壤对磷的吸附能力强,吸附量快速增加,吸附率较高;平衡溶液浓度大于 $20\ \mu g/mL$(即外加磷源浓度在 $60 \sim 150\ \mu g/mL$)时,溶磷细菌各处理土壤对磷的吸附逐渐减弱,吸附量逐渐减少,呈缓慢增加的趋势,对外源磷的吸附率较低。由此可以看出土壤对磷的吸附趋势,随着外加磷浓度的增加土壤对磷的吸附首先是急剧增加,然后逐渐变为平缓,最终又向平衡的趋势发展,土壤对磷素的吸附率是随着外加磷浓度的增加而下降。

2)溶磷细菌不同处理复垦土壤磷等温吸附方程

土壤磷等温吸附曲线可以直观地看出土壤吸附磷的一个变化趋势,研究土壤磷吸附时,常常通过吸附方程式来模拟这一变化过程,将吸附过程量化,具体了解各处理条件下土壤磷吸附的特征。常用的研究反映土壤磷吸附的有 Freundlich,Temkin 和 Langmuir 等温吸附方程,本试验就通过 Freundlich,Temkin 和 Langmuir 等温吸附方程来拟合各处理土壤磷的吸附特性,由试验已知土壤吸磷量与平衡溶液浓度,3 个方程中,c 为平衡溶液浓度,X 为土壤的吸磷量,在 Langmuir 方程中以 c/X 和 c 作图得到一条直线,斜率为 $1/X_m$,截距为 $1/kX_m$,由此可以计算出最大吸磷量 X_m 和吸附系数 k;Freundlich 方程式 $\log X = \log k + b \log c$,以 $\log X$ 对 $\log c$ 作图得出吸附相关参数 b 和 k;Temkin 方程式 $X = k_1 \ln c + k_1 \ln k_2$,其中 k_1、k_2 为吸附相关系数,以 X 和 $\ln c$ 作图,得到 k_1、k_2。不同溶磷细菌处理复垦土壤磷等温吸附方程参数见表 6-3。

不同溶磷细菌处理复垦土壤磷的吸附用三个方程来拟合,相关系数 r 都大于 0.91,相关性极显著($p < 0.01$),Langumir 等温吸附方程拟合相关系数都大于或等于 0.980,拟合度更高,说明用 Langmir 等温吸附方程来拟合各处理土壤磷吸附过程更好,为研究溶磷细菌各处理土壤磷吸附特性的最佳方程。

3)溶磷细菌不同处理复垦土壤磷 Langmuir 吸附等温式的吸附参数

Langmuir 吸附等温式中磷吸附相关的参数有磷最大吸磷量(X_m),吸附常数 k,以及土壤最大吸磷量与吸附常数的乘积 MBC($X_m \times k$),不同溶磷细菌处理土壤磷吸附相关参数值见表 6-4。

表 6-3 溶磷细菌不同处理复垦土壤磷等温吸附方程式
Tab. 6-3 Reclamation soil phosphorus isothermal adsorption equation with different treatment of phosphorus bacteria

处理 (treatments)	Langmuir 吸附等温式 (Langmuir adsorption equation) $c/X = c/X_m + 1/kX_m$			Freundlich 吸附等温式 (Freundlich adsorption equation) $\log X = \log k + 1/n \log c$			Temkin 吸附等温式 (Temkin adsorption equation) $X = k_1 \ln c + k_1 \ln k_2$		
	X_m	k	r	b	k	r	k_1	k_2	r
空白	833.3	0.069	0.998**	0.554	79.4	0.971**	172.08	0.84	0.995**
基质	769.2	0.035	0.995**	0.687	39.6	0.983**	159.47	0.59	0.974**
溶磷细菌	769.2	0.061	0.998**	0.499	87.6	0.984**	146.41	1.08	0.988**
溶磷细菌+葡	769.2	0.068	0.996**	0.564	71.2	0.963**	166.52	0.76	0.990**
溶磷细菌+尿	1 000	0.056	0.986**	0.560	84.5	0.987**	184.22	0.87	0.979**
溶磷细菌+葡+尿	909.1	0.063	0.992**	0.517	88.4	0.994**	159.86	1.02	0.981**
溶磷细菌+葡+尿+基质	714.3	0.042	0.997**	0.601	46.5	0.97**	193.1	0.44	0.991**

$n=6$，查表 $R_{0.05}=0.811, R_{0.01}=0.911$。

表 6-4 溶磷细菌不同处理复垦土壤磷吸附相关参数值
Tab. 6-4 Reclamation soil phosphorus adsorption related parameter values with different treatment of phosphorus bacteria

处理 (treatment)	最大吸磷量 [maximum adsorption capacity(X_m)] /(mg/kg)	吸附常数 [adsorption constant(k)]	土壤最大缓冲容量 Max [buffering capacity of soil P(MBC)] /(mL/g)	土壤易解吸磷 [readily desorbable phosphorus(RDP)] /(mg/kg)
空白	833.33c	0.069a	57.50a	0.00f
基质	769.23a	0.035c	27.17c	10.36b
溶磷细菌	769.23d	0.061ab	46.92b	0.89d
溶磷细菌+葡	769.23d	0.068a	52.31ab	0.54e
溶磷细菌+尿	1 000.00a	0.056b	56.00a	1.43c
溶磷细菌+葡+尿	909.09b	0.063ab	57.27a	0.54e
溶磷细菌+葡+尿+基质	714.28e	0.042c	29.99c	17.50a

最大吸附磷量(X_m)用来反映土壤胶体中对磷吸附位点的多少,是土壤中磷库容量的一个重要指标,土壤中磷库未达到最大容量之前,土壤对磷的吸附能力较强,只有土壤达到其最大吸附磷量,才有可能向作物供磷。由此可知,各处理土壤最大吸磷量在 714.28～1 000.00 mg/kg,溶磷细菌不同处理土壤最大吸磷量依次为溶磷细菌＋尿>溶磷细菌＋葡＋尿>空白>溶磷细菌＝基质＝溶磷细菌＋葡>溶磷细菌＋葡＋尿＋基质。单施溶磷细菌和溶磷细菌＋葡处理复垦土壤最大吸磷量为 769.23 mg/kg,与未空白处理相比最大吸磷量减少了 64.10 mg/kg,溶磷细菌能显著降低土壤最大吸磷量;溶磷细菌＋尿处理土壤最大吸磷量为 1 000.00 mg/kg,与空白处理相比增加了 166.67 mg/kg,溶磷细菌与尿素共同施用的条件下,溶磷细菌对土壤最大吸磷量的降低作用受到抑制,而施用尿素等化肥可以增加土壤的最大吸磷量(杨芳,2006),因此溶磷细菌＋尿处理土壤吸磷量增加。施用基质处理土壤磷最大吸附量也显著降低,比空白处理减少了 64.10 mg/kg,在复垦土壤上施用基质也可以降低土壤最大吸磷量;各溶磷细菌处理中,溶磷细菌＋葡＋尿＋基质处理土壤磷最大吸附量,为 714.28 mg/kg,显著小于其他溶磷细菌处理($p<$ 0.05),与空白处理相比,最大吸磷量减少 119.05 mg/kg,从土壤最大吸磷量来看,溶磷细菌＋葡萄糖＋尿素＋基质共同施用在复垦土壤上,可以显著降低土壤的最大吸磷量。

吸附常数 k 表示土壤吸附磷的强度,反映土壤胶体与磷酸根结合能力大小,是磷吸附特性的又一个重要指标,k 值为正值且越大,土壤自发的吸附反应能力越强,供磷能力相对较弱。溶磷细菌不同处理复垦土壤磷吸附常数 k 的范围在 0.035～0.069,大小依次为空白>溶磷细菌＋葡>溶磷细菌＋葡＋尿>溶磷细菌>溶磷细菌＋尿>溶磷细菌＋葡＋尿＋基质>基质。单施溶磷细菌处理土壤磷吸附常数 k 值为 0.061,与空白处理相比吸附常数 k 降低了 0.008,溶磷微生物在土壤中可以分泌有机酸,有机酸可以与磷酸根竞争吸附位点,降低对磷的吸附;在各溶磷细菌处理中,基质处理土壤吸附常数 k 降低幅度最大,比空白处理减小 0.034,可见基质可以明显活化土壤中的磷,减少磷的吸附,使土壤磷吸附系数明显降低,这与赵晓其、章永松的研究结果相同,溶磷细菌与葡萄糖,尿素及基质混合施用土壤磷吸附常数比空白处理显著降低了 0.027;空白处理复垦土壤磷吸附常数为 0.069,复垦土壤对磷的吸附固定能力较强。

土壤最大缓冲容量(MBC)是 Langmuir 等温吸附方程式中两个吸附参数 X_m 与 k 的乘积,即 $MBC=k \times X_m$,又称土壤对磷的吸持性值,是土壤吸附磷的强度因素和容量因素的综合反映,因此可以作为土壤供磷的一个综合指标。土壤供磷强度相近时,土壤最大缓冲容量越大,说明土壤的磷库越强,可能向作物提供的有效磷越多;土壤的供磷能力相近时,土壤缓冲容量越大,土壤对磷的吸附系数越大,吸附的磷的能量越低,供磷强度小。由表 6-4 可知,溶磷细菌不同处理土壤最大缓冲容量为 27.17～58.18 mL/g,基质处理复垦土壤最大吸磷量较低,吸附常数 k 最小,土壤最大缓冲容量最小,为 27.17 mL/g,溶磷细菌＋葡＋尿＋基质处理的土壤最大缓冲容量为 29.99 mL/g,与基质处理差异不显著($p<$0.05),基质、溶磷细菌＋尿＋葡＋基质处理土壤最大缓冲容量与其他溶磷细菌处理相比差异显著,各处理土壤最大缓冲容量大小依次为空白＞溶磷细菌＋葡＋尿＞溶磷细菌＋尿＞溶磷细菌＋葡＞溶磷细菌＞溶磷细菌＋葡＋尿＋基质＞基质。

土壤易解吸磷是外加磷源浓度为 0 时离心液中磷的含量,是土壤中磷有效性最高的一种磷,也在一定程度上反映了土壤的供磷特性。各处理易解吸磷的含量大小依次为溶磷细菌＋葡＋尿＋基质＞基质＞溶磷细菌＋尿＞溶磷细菌＞溶磷细菌＋葡＝溶磷细菌＋葡＋尿＞空白。空白处理复垦土壤中易解吸磷为 0 mg/kg,基质易解吸磷为 10.36 mg/kg,施用基质可以明显增加土壤中的易解吸磷,溶磷细菌＋葡＋尿＋基质处理土壤易解吸磷为 17.50 mg/kg,显著大于溶磷细菌其他处理($p<0.05$)。

4)复垦土壤养分指标与土壤磷吸附参数相关性分析

本试验研究了土壤 Olsen-P、pH、有机质、有机磷与磷吸附相关参数:土壤磷最大吸附量(X_m)、吸附系数(k)、土壤磷最大缓冲容量(MBC)、土壤易解吸磷(RSD)之间的相关性作了分析,各相关性系数如表 6-5 所示。

表 6-5　复垦土壤养分指标与磷吸附相关参数的相关性

Tab. 6-5　Correlation of reclaimed soil nutrient indices and phosphorus adsorption parameters

土壤养分指标	土壤磷吸附相关参数			
	最大吸磷量 [maximum adsorption capacity(X_m)] /(mg/kg)	吸附常数 [adsorption constant(k)]	土壤最大缓冲容量[max buffering capacity of soil P(MBC)]/(mL/g)	土壤易解吸磷 [readily desorbable phosphorus(RDP)] /(mg/kg)
速效磷/(mg/kg)	−0.601	−0.92**	−0.95**	0.97**
pH	0.33	0.11	0.22	−0.35
有机质/(g/kg)	−0.64	−0.78*	−0.86**	0.9**
有机磷/(mg/kg)	−0.53	−0.9**	−0.91**	0.8*

$n=8, R_{0.05}=0.707, R_{0.01}=0.834$。

相关性分析表明土壤最大吸磷量与土壤各养分指标的相关性不显著;土壤 Olsen-P 与土壤磷吸附常数 k、最大缓冲容量 MBC、土壤易解吸磷 RSD 的相关系数分别为 -0.92、-0.95、0.97,相关性极显著,土壤磷吸附强度和土壤最大缓冲容量越大,土壤有效磷含量就越低;土壤易解吸磷含量越高,土壤有效磷含量也就越高。土壤 pH 与磷吸附相关参数之间也没有显著的相关性;土壤有机质与土壤磷吸附常数 k 之间的相关系数分别为 -0.78,显著相关($p < 0.05$),与最大缓冲容量 MBC,土壤易解吸磷 RSD 之间的相关系数分别为 -0.86,0.9,相关性极显著($p < 0.01$);土壤有机磷与吸附常数 k,MBC 均呈极显著的负相关,与土壤易解吸磷呈极显著的正相关。

6.2.5 溶磷细菌不同处理复垦土壤磷的解吸特性

通常认为土壤磷的解吸是吸附的逆过程,是比吸附更重要的一个过程,对土壤磷吸附的研究不仅可以了解土壤吸附磷的再利用,同时也可以了解土壤磷因解吸引发的环境问题(燕慧,2013)。不同溶磷细菌处理土壤在不同外加磷浓度下的解吸量如图 6-5 所示。从图 6-5 可以看出随着外加磷浓度的增加,溶磷细菌不同处理土壤磷的解吸量也逐渐增加,溶磷细菌各处理土壤磷的解吸量大小顺序依次为基质>溶磷细菌+葡+尿+基质>溶磷细菌+葡+尿>溶磷细菌+葡>溶磷细菌>溶磷细菌+尿>空白,溶磷细菌+葡+尿+基质、溶磷细菌+葡+尿、溶磷细菌+葡、溶磷细菌以及溶磷细菌+尿处理土壤磷解吸量都大于空白处理,溶磷细菌对土壤磷的解吸具有积极的作用,可以增加土壤磷的解吸。

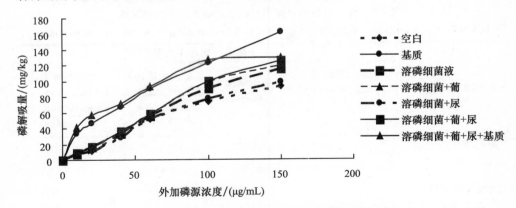

图 6-5　溶磷细菌不同处理复垦土壤磷等温解析曲线

Fig. 6-5　Reclamation soil phosphorus isothermal analytic curve with different treatment of phosphorus bacteria

表 6-6　溶磷细菌不同处理复垦土壤磷解吸率

Tab. 6-6　Reclamation soil desorption rate of phosphorus with different treatment of phosphorus bacteria

不同处理	外加磷源浓度(plus phosphorus)/(μg/mL)						平均解吸率/%
(different treatment)	10	20	40	60	100	150	(average desorption rate)
空白	8.46	8.71	9.84	12.10	11.80	13.00	10.65d
基质	47.90	32.70	25.60	23.90	22.30	23.80	29.37b
溶磷细菌	9.06	9.93	11.00	13.20	15.20	17.70	12.68cd
溶磷细菌＋葡	11.00	10.70	11.30	13.80	16.00	18.10	13.48c
溶磷细菌＋尿	8.15	8.48	9.29	12.00	12.40	11.90	10.37d
溶磷细菌＋葡＋尿	10.00	10.30	11.90	13.60	16.90	16.70	13.23c
溶磷细菌＋葡＋尿＋基质	57.40	41.90	27.00	24.20	26.00	22.70	33.20a

　　土壤磷的解吸率是解吸出来的磷占吸附磷量的百分比,溶磷细菌各处理复垦土壤磷的平均解吸率见表 6-6,可以看出,溶磷细菌各处理土壤磷的解吸率大小依次为溶磷细菌＋葡＋尿＋基质＞基质＞溶磷细菌＋葡＞溶磷细菌＋葡＋尿溶磷细菌＞空白＞溶磷细菌＋尿,溶磷细菌各处理土壤磷的平均解吸率与土壤磷吸附常数 k 之间的相关系数为 0.889,相关性极显著($p<0.01$),土壤吸附强度越大,解吸能力就越弱,土壤的平均解吸率就低。接种溶磷细菌后各处理复垦土壤磷的平均解析率增加,溶磷细菌＋葡＋尿＋基质、溶磷细菌＋葡、溶磷细菌＋葡＋尿和溶磷细菌处理土壤的平均解吸率比空白处理增加 22.55％、2.83％、2.58％、2.03％,溶磷细菌不仅有助于增加土壤磷的解吸量,同时可以增加复垦土壤磷的解吸率;溶磷细菌＋尿素处理对复垦土壤磷的解吸作用不明显,土壤磷平均解吸率为 10.37％,与空白处理大致相同。

6.3　讨论

　　非土著微生物在土壤中的定殖既有其自身的因素,也与环境和土壤因素有关(年洪娟,2010)。李晓婷(2010)研究发现土壤中溶磷细菌 K3 的数量在 35 d 内由 10^9 CFU/g 降低到 10^3 CFU/g 左右;余旋(2011)研究发现盆栽灭菌土和未灭菌土壤溶磷细菌数量在 60 d 后分别为 3.38×10^3 CFU/g 和 3.40×10^3 CFU/g;本试验溶磷细菌＋葡＋尿＋基质处理土壤溶磷细菌数量在室内培养 60 d 后降低到 $3.3\times$ 10^4 CFU/g,复垦土壤养分含量低,可供给微生物生长的能源物质较少,在复垦土壤上施用溶磷细菌,给其提供合适的碳氮源以及生存空间,可以增强其在复垦土壤上的生存。另外,复垦土壤微生物种类和含量较少,加入的溶磷细菌与土著微生物之间的竞争和拮抗减少,有利于外来溶磷细菌的生长繁殖。

碳源和氮源是微生物生长最重要的两种能源物质,直接影响着溶磷微生物在土壤中的定殖和溶磷能力的发挥。Narsian 和 Patel(2000)研究发现碳源对溶磷菌 Aspergillus aculeatus 溶磷能力的影响较大,氮源对的生长作用影响较大,对其溶磷能力的影响较小;赵小蓉(2002)等也研究了不同碳氮源对曲霉属溶磷菌 2TCiF2 溶磷能力的影响,不同碳源条件下菌株溶磷能力为$-0.19\sim461.94$ mg/L,不同氮源的溶磷能力为 $267.75\sim328.85$ mg/L,碳源对溶磷菌溶磷能力的影响远远大于氮源。在室内培养条件下,溶磷细菌+葡处理复垦土壤有效磷、有机磷和磷酸酶含量的增加,pH 的降低幅度都显著大于单施溶磷细菌处理和溶磷细菌+尿处理,溶磷细菌+尿处理土壤养分指标和磷酸酶变化与菌液处理差异不明显,溶磷细菌+葡+尿处理对土壤养分和磷酸酶活性的影响大于溶磷细菌+葡处理,由此可见,溶磷微生物在土壤中可以利用碳源分泌有机酸和磷酸酶,很好地发挥其溶磷能力,而尿素作为氮源对溶磷细菌溶磷能力的发挥影响较小,氮源可以在有充足的碳源的条件下促进溶磷细菌溶磷能力的发挥。

溶磷微生物在土壤中分泌有机酸,有机酸可以与磷酸根离子之间竞争磷吸附位点,使土壤对磷酸根的吸附能力降低,解吸能力增强。试验中在复垦土壤上加入溶磷细菌,土壤的最大吸磷量、吸附常数都减少了,土壤磷解吸量和平均解吸率增加了;基质中的碳水化合物可以掩蔽土壤磷吸附位点,减少土壤对磷的吸附(赵晓齐,1991);将溶磷微生物与基质配制成生物基质,可以进一步改善土壤磷吸附解析特性,张迪(2005)研究结果证明生物基质对土壤磷库的活化具有重要作用。本试验中溶磷细菌+葡+尿+基质处理可以大幅度降低复垦土壤中磷最大吸附量和磷吸附常数,增加土壤磷解吸量和解吸率,提高了复垦土壤有效磷的含量以及复垦土壤上磷素的作物有效性。

6.4　结论

本试验通过室内培养的方法,研究了溶磷细菌对复垦土壤溶磷细菌数量的影响,并研究了不同溶磷细菌处理对复垦土壤磷吸附解吸的影响,得出了以下结论:

(1)溶磷细菌不同处理复垦土壤溶磷细菌数量在培养 7 d 后达到最大值,溶磷细菌+葡+尿+基质处理土壤溶磷细菌数量最多,为 6.5×10^8,分别是溶磷细菌、溶磷细菌+尿、溶磷细菌+葡、溶磷细菌+葡+尿处理的 65、29.5、9.3、5.4 倍,溶磷细菌各处理在培养 60 d 后土壤中溶磷细菌数目仍保持在 3.3×10^4(CFU/g 鲜土),溶磷细菌与葡萄糖,尿素和基质共同施入复垦土壤中,对复垦土壤溶磷细菌数量的增加具有明显的促进作用。在复垦土壤上溶磷细菌、葡萄糖、尿素及基质混合施用,可以显著增加土壤有效磷含量,溶磷细菌＋葡＋尿＋基质处理土壤有效磷含量分别比基质、溶磷细菌＋葡处理多 16.63、183.17 mg/kg,溶磷细菌＋葡＋尿处理土壤有效磷含量分别比溶磷细菌、溶磷细菌＋尿、溶磷细菌＋葡多 34.7%、51.5% 和 15.2%。溶磷细菌＋葡＋尿＋基质、溶磷细菌＋葡＋尿、溶磷细菌＋葡处理复垦土壤碱性磷酸酶含量依次为 31.8、22.7、9.71 mg/kg,与单施溶磷细菌处理相比显著增加 9.56、6.54、2.22 倍,溶磷细菌、溶磷细菌＋尿、基质处理土壤碱性磷酸酶与空白相比差异不显著,溶磷细菌＋葡＋尿＋基质处理土壤酸性磷酸酶为 10.33 mg/kg,与溶磷细菌其他各处理相比差异显著。

(2)Langumir 等温吸附方程为研究溶磷细菌各处理复垦土壤磷吸附特性的最佳方程。溶磷细菌处理土壤最大吸磷量为 769.23 mg/kg,比空白处理土壤最大吸磷量小 64.10 mg/kg,溶磷细菌可以显著降低复垦土壤最大吸磷量,溶磷细菌各处理中溶磷细菌＋葡＋尿＋基质土壤最大吸磷量最小,为 714.28 mg/kg,比单施溶磷细菌处理显著降低 54.95 mg/kg;溶磷细菌处理复垦土壤磷吸附常数 k 与空白相比减小 0.008,在溶磷细菌各处理中,基质处理土壤磷吸附常数降低幅度最大,比空白处理减小 0.034;溶磷细菌处理复垦土壤最大缓冲容量为 46.92 mL/g,比空白处理显著减小 10.58 mL/g,溶磷细菌可以显著减小复垦土壤最大缓冲容量,溶磷细菌＋葡＋尿＋基质处理土壤最大缓冲容量比溶磷细菌处理显著减小 16.93 mL/g;溶磷细菌、葡、尿、基质配合施用,可以显著增加土壤易解吸磷量,溶磷细菌＋葡＋尿＋基质处理土壤易解吸磷为 17.50 mg/kg,比基质、溶磷细菌＋葡＋尿处理分别多 7.14、16.96 mg/kg。

(3)溶磷细菌各处理土壤磷的解吸量大小顺序依次为基质＞溶磷细菌＋葡＋尿＋基质＞溶磷细菌＋葡＋尿＞溶磷细菌＋葡＞溶磷细菌＞溶磷细菌＋尿＞空白,溶磷细菌对土壤磷的解吸具有积极的作用,可以增加土壤磷的解吸量;溶磷细菌＋葡＋尿＋基质、溶磷细菌＋葡、溶磷细菌＋葡＋尿和溶磷细菌处理土壤磷的平均解吸率比空白处理增加 22.55%、2.83%、2.58%、2.03%,溶磷细菌不仅有助于增加土壤磷的解吸量,同时可以增加复垦土壤磷的解吸率。

7 溶磷细菌在复垦土壤上盆栽及大田应用效果

溶磷细菌可以将土壤难溶态磷活化,提高土壤磷的有效性,将溶磷细菌在土壤上施用,可以减少化学磷肥的施用,提高磷肥利用率,改善土壤环境,减少因磷产生的面源污染,保证农业的可持续发展(张云翼,2008);溶磷细菌在适宜条件下不仅可以将难溶态磷酸盐转化为有效磷,同时还可以分泌生长激素类物质促进作物的生长(邵玉芳,2007)。溶磷细菌的研究重点主要在两个方面,一方面研究溶磷细菌对土壤有效磷以及无机磷转化的影响(郑少玲,2007;于群英,2012),另一方面研究溶磷细菌对作物生长和产量的影响(郜春花,2003;郑少玲,2007;邵玉芳,2007)。本试验通过盆栽试验在复垦土壤上种植油菜,研究溶磷细菌对复垦土壤无机磷形态的影响及油菜产量的影响,同时通过大田试验研究溶磷细菌在复垦土壤上对土壤磷素及玉米产量的影响,为溶磷细菌在复垦土壤上的应用提供基础。

7.1 试验设计与分析项目

7.1.1 试验设计

1)盆栽试验设计

盆栽试验于 2013 年 4 月 30 日至 6 月 15 日在山西农业大学资源环境学院实验站日光温室内进行,试验用盆钵为 30 cm×27 cm 的聚乙烯塑料盆,将从襄垣拉回来的第一年复垦土壤风干过筛后装盆,每盆装风干土 4 kg。试验处理有空白、基质、溶磷细菌肥、溶磷细菌肥+磷酸三钙、基质+磷酸三钙、溶磷细菌肥+磷矿粉、基质+磷矿粉七个处理,各处理肥料用量见表 7-1。

表 7-1　盆栽试验设计
Tab. 7-1　Pot experiment design

g/盆

试验处理	鸡粪	溶磷细菌肥	磷酸三钙	磷矿粉
空白				
基质对照	10			
溶磷细菌肥		10		
溶磷细菌肥＋磷酸三钙		10	5	
基质＋磷酸三钙	10		5	
溶磷细菌肥＋磷矿粉		10		5
基质＋磷矿粉	10			5

2）大田试验设计

本试验采用单因素完全随机试验设计,在襄垣县洛江沟村复垦第二年的土壤上种植玉米,共设置 4 个处理,空白、习惯施肥、基质、溶磷细菌肥＋习惯施肥,各试验处理不同肥料用量见表 7-2,每个处理三次重复,共 12 个小区,每个小区面积 21.2 cm×5.6 cm,试验玉米于 2013 年 4 月 28 日播种,种植方式为穴施,基质和溶磷细菌肥与玉米种子同时施入,种植前采集土样测定基本理化性状,收获期采集土样测定土壤微生物碳氮、酶活性、吸附解吸特性及玉米产量。

表 7-2　大田试验试验设计
Tab. 7-2　Field experiment design

kg/亩

处理	复合肥	基质	生物肥	追肥
空白	0	0	0	10
习惯施肥	50	0	0	10
基质	50	50	0	10
溶磷细菌肥	50	0	50	10

7.1.2　分析项目与方法

1）盆栽试验分析项目与方法

分别在油菜移栽 10 d(苗期)、20 d(中期)和收获期采集土样测定土壤有效磷

— 91 —

含量;在油菜苗期和收获期采集土样测定土壤各无机磷形态;在油菜收获期测定油菜产量,采集土样测定土壤磷吸附解析、脲酶、蔗糖酶以及碱性磷酸酶活性。

(1)土壤有效磷的测定　0.5 mol/L NaHCO₃浸提钼锑抗比色法。

(2)土壤无机磷分级测定　首先通过 0.25 mol/L NaHCO₃将土壤中 Ca₂-P 浸提出来,经过 NaHCO₃浸提的土壤,用 95% 的酒精洗涤后加 0.5 mol/L NH₄OAc 浸提测定土壤 Ca₈-P;经 NH₄OAc 浸提的土壤通过饱和氯化钠清洗,通过 0.5 mol/L NH₄F 浸提测定土壤中的 Al-P;再将土壤用饱和氯化钠溶液洗两次,用 0.1 mol/L NaOH-0.1 mol/L Na₂CO₃浸提测定 Fe-P;闭蓄态磷(O-P)用硫酸、高氯酸和硝酸三酸混合液浸提;经过 O-P 浸提的土壤加入 0.5 mol/L 硫酸,离心比色测定 Ca₁₀-P(蒋柏藩,顾益初,1989)。

(3)土壤酶活性测定　土壤脲酶活性用柠檬酸钠缓冲溶液-苯酚钠比色;土壤蔗糖酶活性采用 3,5-二硝基水杨酸比色;土壤磷酸酶活性用磷酸苯二钠比色法(关松荫,1986)。

(4)油菜产量的测定　用电子秤直接称重。

2)大田试验分析项目与方法

采集收获期的土样,新鲜土样进行微生物氮的测定,风干过筛后测定土壤酶活性及磷解吸特性,玉米干燥后计算产量。

(1)土壤微生物碳氮测定　土壤微生物生物量氮采用氯仿熏蒸—0.5 mol/L K₂SO₄浸提,紫外分光比色测定(Vance et al.,1987)。

(2)土壤磷吸附解吸测定　称取过 1 mm 的风干土样 7 份,每份 2.5 g 于 50 mL 离心管中,用 0.01 mol/L CaCl₂溶液配制含磷量为 0、10、20、40、60、100、150 μg/mL 的不同浓度的磷标准溶液,分别加入上述 7 份土中,加入 3~5 滴甲苯以抑制微生物的活动,将加入不同浓度磷溶液的离心管在 28℃恒温振荡 1 h 后静置 24 h 离心(10 min,3 500 r/min),吸取离心后的上清液用钼锑抗比色法测定平衡溶液中磷的含量,加入磷的量与平衡后溶液中磷含量的差值即为土壤吸附磷的量。以土壤吸附的磷量为纵坐标,平衡溶液磷浓度为横坐标作土壤磷等温曲线图,磷吸附率＝(土壤吸附磷的量/土壤中加入磷的量)×100,并通过 Langmuir 方程进行拟合,得出土壤最大吸磷量(X_m)和吸附能相关常数(k)。将离心管液体倒掉,用饱和氯化钠溶液 25 mL 洗涤两次并离心,每次离心之前要确保将离心管底部的土摇起,洗涤后再在每根离心管中加入 0.01 mol/L CaCl₂ 25 mL,同时加入 3~5 滴甲苯,在 28℃恒温振荡 1 h 后静置 24 h 离心(10 min,3 500 r/min),吸取离心后的上清液用钼锑抗比色法测定,计算出解吸磷的量,解吸磷的量与土壤吸附磷量的比值即为土壤磷解吸率。

7.2 结果与分析

7.2.1 盆栽试验

7.2.1.1 溶磷细菌肥对不同时期油菜复垦土壤 Olsen-P 的影响

不同施肥处理复垦土壤有效磷的变化如图 7-1 所示。由图可知苗期基质处理比空白处理有效磷含量显著增加了 9.98 mg/kg,施用基质可以增加土壤有效磷的含量;溶磷细菌肥处理土壤有效磷含量比基质处理显著增加了 16.0%,溶磷细菌肥＋磷酸三钙处理土壤有效磷含量比基质＋磷酸三钙处理显著增加了 55.8%,溶磷细菌肥＋磷矿粉处理比基质＋磷矿粉处理土壤有效磷含量增加了 16.5%,施用溶磷细菌肥可以显著增加土壤有效磷的含量,溶磷细菌肥料配合磷酸钙共同施用,可以显著增加土壤有效磷含量,溶磷细菌肥与磷矿粉共同施用有效磷含量也增加,但增加效果不显著。

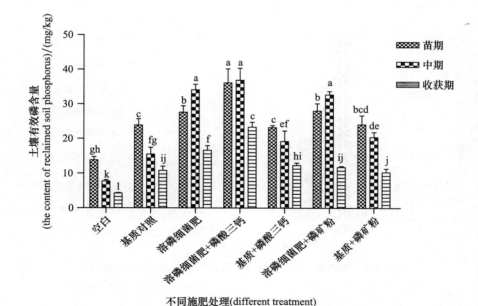

图 7-1 不同施肥处理复垦土壤 Olsen-P 含量

Fig. 7-1 The reclaimed soil Olsen-P content of different fertilizer treatment

在油菜生长的中期和收获期,溶磷细菌肥处理土壤有效磷含量显著高于基质处理,分别多 18.6 mg/kg 和 5.85 mg/kg;溶磷细菌肥+磷酸三钙处理土壤有效磷含量分别比基质+磷酸三钙处理显著高出 17.6 mg/kg 和 10.9 mg/kg;溶磷细菌肥+磷矿粉处理土壤有效磷含量比基质+磷矿粉处理增加 12.3 mg/kg 和 1.5 mg/kg。

在油菜的整个生长周期内,空白、基质对照、基质+磷酸三钙和基质+磷矿粉处理由于油菜生长吸收土壤中的有效磷,复垦土壤有效磷含量呈现下降的趋势,溶磷细菌肥、溶磷细菌肥+磷酸三钙、溶磷细菌肥+磷矿粉处理土壤有效磷呈现先增加后降低的趋势,溶磷细菌肥料中的溶磷细菌将复垦土壤中的难溶态磷转化为可以供给植物吸收利用的有效磷,溶磷细菌的这种作用可以在一定程度上补充土壤中因作物生长吸收利用而缺失的磷。

7.2.1.2 溶磷细菌肥对不同时期油菜复垦土壤无机磷形态的影响

1)溶磷细菌肥对不同时期油菜复垦土壤 Ca_2-P 的影响

溶磷细菌肥不同处理复垦土壤 Ca_2-P 含量如图 7-2 所示。

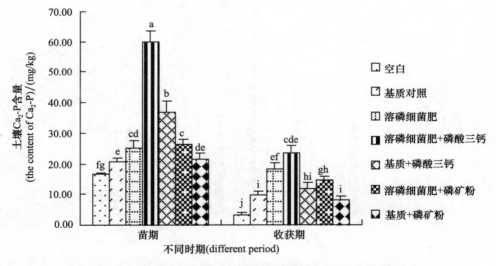

图 7-2 溶磷细菌肥处理油菜不同时期复垦土壤 Ca_2-P 含量

Fig. 7-2 The reclaimed soil Ca_2-P content of different fertilizer treatment

由图 7-2 可以看出,苗期各施肥处理土壤 Ca_2-P 含量大小依次为溶磷细菌肥+磷酸三钙>基质+磷酸三钙>溶磷细菌肥+磷矿粉>溶磷细菌肥>基质+磷矿粉>基质对照>空白,不同施肥处理都可以显著增加复垦土壤 Ca_2-P 含量,基质、溶磷细菌肥、溶磷细菌肥＋磷酸三钙、基质＋磷酸三钙、溶磷细菌肥＋磷矿粉、基质＋磷矿粉处理土壤 Ca_2-P 含量分别比空白显著增加了 4.22、8.78、43.43、20.14、9.86 和 4.96 mg/kg；溶磷细菌肥处理土壤 Ca_2-P 含量比基质处理显著增加了 4.56 mg/kg，溶磷细菌肥＋磷酸三钙处理土壤 Ca_2-P 含量比基质＋磷酸三钙处理显著增加了 23.19 mg/kg，溶磷细菌肥＋磷矿粉处理土壤 Ca_2-P 比基质＋磷矿粉处理增加了 4.90 mg/kg，溶磷细菌肥各处理土壤 Ca_2-P 的含量显著高于对应的基质处理；不同施肥处理中，溶磷细菌肥＋磷酸三钙处理土壤 Ca_2-P 含量最高，为 59.90 mg/kg，基质＋磷酸三钙处理土壤 Ca_2-P 含量次之，为 36.71 mg/kg，显著高于其他处理，添加磷酸三钙处理土壤 Ca_2-P 含量增加显著；基质处理和基质＋磷矿粉处理土壤 Ca_2-P 含量差异不显著，溶磷细菌肥处理与溶磷细菌肥＋磷矿粉处理土壤 Ca_2-P 含量差异也不显著，施用磷矿粉对土壤 Ca_2-P 含量影响较小。

在收获期，不同施肥处理土壤 Ca_2-P 含量显著高于空白处理，施用溶磷细菌肥各处理复垦土壤 Ca_2-P 含量显著高于对应的基质处理。在油菜收获期，不同施肥处理复垦土壤 Ca_2-P 含量与苗期相比显著下降，空白、基质、溶磷细菌肥、溶磷细菌肥＋磷酸三钙、基质＋磷酸三钙、溶磷细菌肥＋磷矿粉、基质＋磷矿粉分别下降了 79.8%、53.0%、28.1%、60.8%、68.3%、44.7%、62.2%。空白处理复垦土壤 Ca_2-P 含量显著减少，达到 79.8%，基质处理土壤 Ca_2-P 含量减少幅度显著大于溶磷细菌肥处理，溶磷细菌肥＋磷酸三钙处理土壤 Ca_2-P 含量减少幅度小于基质＋磷酸三钙处理，基质＋磷酸三钙处理土壤 Ca_2-P 含量减少幅度显著大于溶磷细菌肥＋磷酸三钙处理，溶磷细菌肥各处理土壤 Ca_2-P 含量减少幅度显著小于对应的基质各处理。

2）溶磷细菌肥对不同时期油菜复垦土壤 Ca_8-P 和 Ca_{10}-P 的影响

溶磷细菌肥处理油菜不同时期复垦土壤 Ca_8-P 和 Ca_{10}-P 的含量如表 7-3 所示。由表 7-3 可知，苗期各施肥处理复垦土壤 Ca_8-P 含量显著高于空白处理，基质、溶磷细菌肥、溶磷细菌肥＋磷酸三钙、基质＋磷酸三钙、溶磷细菌肥＋磷矿粉、基质＋磷矿粉处理复垦土壤 Ca_8-P 含量分别比空白增加了 0.55、1.11、5.99、2.97、1.39 和 0.64 倍；溶磷细菌肥处理复垦土壤 Ca_8-P 含量比基质处理显著增加了 11.79 mg/kg；溶磷细菌肥＋磷酸三钙处理土壤 Ca_8-P 含量比基质＋磷酸三钙处理显著增加了 62.35 mg/kg，溶磷细菌肥＋磷矿粉处理土壤 Ca_8-P 含量比基质＋磷矿粉处理多 15.99 mg/kg，由此可见，施用溶磷细菌各处理土壤 Ca_8-P 含量高于对应的基质处理，溶磷细菌可以增加 Ca_8-P 的含量；在复垦土壤中加入磷酸三钙可以显著增加土壤 Ca_8-P 含量，基质＋磷酸三钙处理土壤 Ca_8-P 含量为 84.21 mg/kg，比基质、基质＋磷矿粉处理多 51.23、49.42 mg/kg，溶磷细菌肥＋磷酸三钙处理土壤

Ca_8-P 含量为 148.56 mg/kg,比溶磷细菌肥、溶磷细菌肥+磷矿粉处理多 103.78、97.78 mg/kg。在收获期,各处理复垦土壤 Ca_8-P 含量大小依次为溶磷细菌肥+磷酸三钙>基质+磷酸三钙>溶磷细菌肥+磷矿粉>溶磷细菌肥>基质>基质+磷矿粉>空白,不同施肥处理土壤 Ca_8-P 含量高于空白处理,施用溶磷细菌肥的处理土壤 Ca_8-P 含量显著高于对应的基质处理。在油菜收获期,不同施肥处理复垦土壤 Ca_8-P 含量与苗期相比显著下降,空白、基质、溶磷细菌肥、溶磷细菌肥+磷酸三钙、基质+磷酸三钙、溶磷细菌肥+磷矿粉、基质+磷矿粉分别下降了 65.6%、60.4%、44.9%、29.2%、51.1%、42.1%、72.1%,溶磷细菌肥各处理土壤 Ca_8-P 含量减小幅度显著小于对应的基质处理。

表 7-3 溶磷细菌肥不同处理对复垦土壤 Ca_8-P 和 Ca_{10}-P 的含量

Tab. 7-3 The reclaimed soil Ca_8-P and Ca_{10}-P content of different fertilizer treatment　mg/kg

处理 treatment	Ca_8-P		Ca_{10}-P	
	苗期 Seeding	收获期 Harvest	苗期 Seeding	收获期 Harvest
空白	21.23±0.74e	7.31±0.59f	195.74±5.41d	194.86±13.12c
基质	32.98±1.73d	13.07±1.59e	206.62±4.93c	203.47±14.10bc
溶磷细菌肥	44.77±2.30c	24.66±2.12d	194.72±9.16cd	184.15±11.73c
溶磷细菌肥+磷酸三钙	148.56±13.69a	105.14±12.48a	235.95±5.60b	223.33±10.72b
基质+磷酸三钙	84.21±3.90b	41.19±2.27b	306.75±7.43a	295.44±14.11a
溶磷细菌肥+磷矿粉	50.78±8.07c	29.42±2.46c	305.35±4.36a	296.67±12.09a
基质+磷矿粉	34.79±0.7d	9.69±3.03ef	307.01±4.53a	301.98±9.91a

苗期基质处理复垦土壤 Ca_{10}-P 含量比溶磷细菌肥处理增加了 11.90 mg/kg,基质+磷酸三钙处理复垦土壤 Ca_{10}-P 含量比基质+磷酸三钙处理显著多 70.80 mg/kg,溶磷微生物不仅可以将溶解难溶态磷转化为有效态磷,并且可以抑制土壤有效磷向难溶态磷的转化(范丙全,2004)。因此,溶磷细菌肥、溶磷细菌+磷酸三钙处理复垦土壤 Ca_{10}-P 低于对应的基质处理;基质+磷酸三钙、基质+磷矿粉处理土壤 Ca_{10}-P 含量分别为 306.75、307.01 mg/kg,与基质处理相比土壤 Ca_{10}-P 含量分别增加了 100.13、100.39 mg/kg,施用磷酸三钙和磷矿粉可以明显增加复垦土壤 Ca_{10}-P 的含量;收获期各处理复垦土壤 Ca_{10}-P 含量大小依次为基质+磷矿粉>溶磷细菌肥+磷矿粉>基质+磷酸三钙>溶磷细菌+磷酸三钙>基质>空白>溶磷细菌肥,溶磷细菌肥各处理复垦土壤 Ca_{10}-P 都小于对应的基质处理。在油菜收获

期,空白、基质、溶磷细菌肥、溶磷细菌肥＋磷酸三钙、基质＋磷酸三钙、溶磷细菌肥＋磷矿粉、基质＋磷矿粉复垦土壤 Ca_{10}-P 含量与苗期相比分别下降了 0.5％、1.5％、5.4％、5.3％、3.7％、2.8％、1.7％,溶磷细菌肥各处理复垦土壤 Ca_{10}-P 含量减少幅度都大于对应的基质各处理。

3)溶磷细菌肥处理对不同时期油菜复垦土壤 Al-P 的影响

不同施肥处理复垦土壤 Al-P 含量如图 7-3 所示。

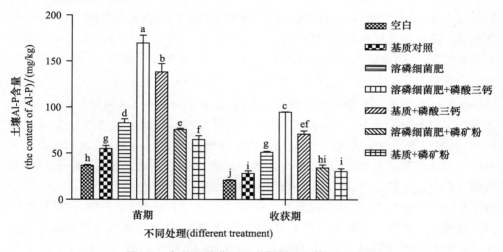

图 7-3　各处理油菜不同时期复垦土壤 Al-P 含量

Fig. 7-3　The reclaimed soil Al-P content of different fertilizer treatment

由图 7-3 可知,苗期各施肥处理土壤 Al-P 含量显著高于空白处理;溶磷细菌肥处理土壤 Al-P 含量比基质处理显著增加 27.88 mg/kg,溶磷细菌肥＋磷酸三钙处理土壤 Al-P 含量比基质＋磷酸三钙处理显著增加了 31.82 mg/kg,溶磷细菌肥＋磷矿粉处理土壤 Al-P 含量比基质＋磷矿粉处理显著增加 10.93 mg/kg,施用溶磷细菌肥各处理土壤 Al-P 含量显著高于对应的基质各处理,施用溶磷细菌肥可以显著增加复垦土壤 Al-P 含量;基质＋磷酸三钙处理土壤 Al-P 含量比基质处理显著增加了 83.10 mg/kg,溶磷细菌肥＋磷酸三钙处理土壤 Al-P 含量比溶磷细菌肥处理显著增加了 87.04 mg/kg,施用磷酸三钙也可以显著增加复垦土壤 Al-P 含量。

收获期各处理土壤 Al-P 含量大小依次为溶磷细菌肥＋磷酸三钙＞基质＋磷酸三钙＞溶磷细菌肥＞溶磷细菌肥＋磷矿粉＞基质＞基质＋磷矿粉＞空白,各处理土壤 Al-P 含量显著高于空白处理 CK,施用溶磷细菌肥各处理比对应的基质处理复垦土壤 Al-P 含量高,溶磷细菌肥中的溶磷细菌的作用有利于土壤 Al-P 含量的增加。

在油菜收获期,不同施肥处理复垦土壤 Al-P 含量与苗期相比显著下降,空白、基质、溶磷细菌肥、溶磷细菌肥＋磷酸三钙、基质＋磷酸三钙、溶磷细菌肥＋磷矿粉、基质＋磷矿粉分别下降了 44.1％、49.0％、38.0％、44.1％、48.6％、54.7％、53.1％,基质处理土壤 Al-P 含量减少幅度显著大于溶磷细菌肥处理,溶磷细菌肥＋磷酸三钙处理土壤 Al-P 含量减少幅度小于基质＋磷酸三钙处理,基质＋磷矿粉处理土壤 Al-P 含量减少幅度与溶磷细菌肥＋磷矿粉处理大致相同,施用溶磷细菌肥以及溶磷细菌肥与磷酸三钙配施复垦土壤 Al-P 含量减少幅度小于不施溶磷细菌肥处理,溶磷细菌肥＋磷矿粉处理土壤 Al-P 含量减少不明显。

4)溶磷细菌肥处理对不同时期油菜复垦土壤 Fe-P 的影响

溶磷细菌肥处理油菜不同时期复垦土壤 Fe-P 含量如图 7-4 所示。由图 7-4 可知苗期不同处理土壤 Fe-P 含量显著高于空白处理 CK,施肥可以增加土壤 Fe-P 含量;溶磷细菌肥处理土壤 Fe-P 含量比基质处理增加了 5.85 mg/kg,溶磷细菌肥＋磷酸三钙处理复垦土壤 Fe-P 含量比基质＋磷酸三钙处理增加了 4.86 mg/kg,溶磷细菌肥＋磷矿粉处理比基质＋磷矿粉处理土壤 Fe-P 含量增加了 3.75 mg/kg,溶磷细菌肥各处理土壤 Fe-P 的含量高于对应的基质各处理;在不同施肥处理中,溶磷细菌肥＋磷酸三钙处理复垦土壤 Fe-P 的含量最高,比溶磷细菌肥和溶磷细菌肥＋磷矿粉处理分别增加了 21.26、26.46 mg/kg,基质＋磷酸三钙处理土壤 Fe-P 的含量分别比基质和基质＋磷矿粉增加了 22.25、25.35 mg/kg,施用磷酸三钙显著增加了复垦土壤 Fe-P 的含量;溶磷细菌肥＋磷矿粉处理与溶磷细菌肥处理土壤 Fe-P 含量差异不显著,同样基质与基质＋磷矿粉处理土壤 Fe-P 含量差异不显著,施用磷矿粉对土壤 Fe-P 含量影响较小。

油菜收获期,各施肥处理土壤 Fe-P 含量大小依次为溶磷细菌肥＋磷酸三钙＞基质＋磷酸三钙＞溶磷细菌肥＞溶磷细菌肥＋磷矿粉＞基质＋磷矿粉＞基质＞空白,溶磷细菌肥＋磷酸三钙处理复垦土壤 Fe-P 含量最大,为 60.61 mg/kg,与基质＋磷酸三钙处理差异不显著,基质＋磷矿粉与溶磷细菌肥＋磷矿粉处理土壤 Fe-P 含量差异也不显著,溶磷细菌肥中的溶磷细菌在与磷酸钙或者磷矿粉共同施用对土壤 Fe-P 含量影响较小。与苗期相比,收获期土复垦壤 Fe-P 的含量也呈现下降的趋势,空白、基质、溶磷细菌肥、溶磷细菌肥＋磷酸三钙、基质＋磷酸三钙、溶磷细菌肥＋磷矿粉、基质＋磷矿粉分别下降了 21.0％、27.2％、10.6％、16.6％、15.1％、22.8％、18.7％。

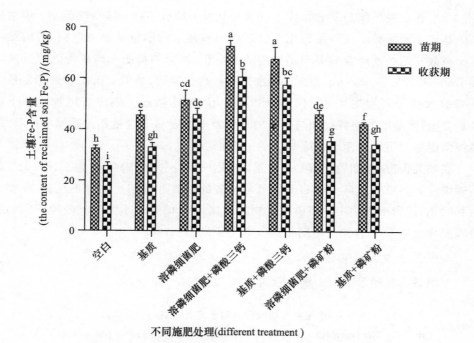

图 7-4　溶磷细菌肥处理不同时期油菜复垦土壤 Fe-P 含量

Fig. 7-4　The reclaimed soil Fe-P content of different fertilizer treatment

5) 溶磷细菌肥处理对不同时期油菜复垦土壤 O-P 的影响

不同溶磷细菌肥处理复垦土壤 O-P 含量如表 7-4 所示。

表 7-4　溶磷细菌肥处理油菜不同时期复垦土壤 O-P 含量

Tab. 7-4　The reclaimed soil O-P content of different fertilizer treatment　　mg/kg

处理 （treatment）	O-P	
	苗期（seeding）	收获期（harvest）
空白	32.91±3.35b	33.24±2.89b
基质	35.86±2.87b	35.19±2.44b
溶磷细菌肥	35.25±1.40b	33.91±1.97b
溶磷细菌肥＋磷酸三钙	62.64±3.34a	60.64±6.18a
基质＋磷酸三钙	66.26±2.01a	64.93±6.65a
溶磷细菌肥＋磷矿粉	35.91±2.56b	35.23±3.71b
基质＋磷矿粉	35.91±2.97b	33.98±2.21b

苗期各处理土壤 O-P 含量大小依次为基质＋磷酸三钙＞溶磷细菌肥＋磷酸三钙＞基质＋磷矿粉＝溶磷细菌肥＋磷矿粉≈基质≈溶磷细菌肥＞空白，溶磷细菌肥＋磷酸三钙处理土壤 O-P 含量比溶磷细菌肥、溶磷细菌肥＋磷矿粉处理分别增加了 27.39、26.73 mg/kg，基质＋磷酸三钙处理比基质、基质＋磷矿粉处理复垦土壤 O-P 含量分别增加了 30.40、30.35 mg/kg，施用磷酸三钙显著增加复垦土壤O-P 含量；溶磷细菌肥各处理与对应的基质处理土壤 O-P 含量相比差异不显著，溶磷细菌肥中的溶磷细菌对土壤 O-P 的影响较小。

在油菜收获期各处理土壤 O-P 含量以基质＋磷酸三钙处理最大，为 64.93 mg/kg，溶磷细菌肥各处理复垦土壤 O-P 含量与对应的基质处理相比差异不显著，在整个生育时期，溶磷细菌肥中的溶磷微生物对土壤 O-P 的影响不大。收获期不同施肥处理复垦土壤 O-P 含量与苗期相比基本无变化。

6）复垦土壤无机磷形态与有效磷的相关性分析

土壤各无机磷形态与土壤有效磷的相关性如表 7-5 所示。

表 7-5　土壤各无机磷形态与土壤有效磷的相关系数

Tab. 7-5　The correlation coefficient between different inorganic phosphorus and
soil available phosphorus

mg/kg

土壤磷素指标	Ca_2-P	Ca_8-P	Al-P	Fe-P	O-P	Ca_{10}-P
土壤 Olsen-P	0.971**	0.864*	0.862*	0.823*	0.543	0.097

由表 7-5 可以看出，土壤有效磷含量与 Ca_2-P、Ca_8-P、Al-P、Fe-P、O-P、Ca_{10}-P 的相关系数分别为 0.971、0.864、0.862、0.823、0.543、0.097，土壤 Olsen-P 与土壤 Ca_2-P 呈极显著的正相关（$p<0.01$），土壤 Olsen-P 与土壤 Ca_8-P、Al-P、Fe-P 呈显著的相关性，与 O-P、Ca_{10}-P 无相关性，土壤 Olsen-P 与土壤 Ca_{10}-P 相关性最小。

7.2.1.3　溶磷细菌肥不同处理对复垦土壤酶活性的影响

土壤酶是土壤生物体产生的具有高度催化作用的一类蛋白质，脲酶、蔗糖酶和磷酸酶都属于水解酶类，可以加速土壤化合物分子键的水解和裂解，各处理土壤磷酸酶、蔗糖酶和脲酶含量如表 7-6 所示。

表 7-6 溶磷细菌肥不同处理对土壤碱性磷酸酶、蔗糖酶和脲酶含量

Tab. 7-6 the reclaimed soil phosphatase, invertase, urease content   mg/kg

不同处理 (different treatment)	磷酸酶 (phosphatase)	蔗糖酶 (invertase)	脲酶 (urease)
空白	10.80±1.53c	8.69±1.83e	16.83±1.83d
基质	18.82±1.72b	13.68±2.00bc	39.56±2.85b
溶磷细菌肥	23.57±2.65a	18.52±1.90a	55.81±7.51a
溶磷细菌肥＋磷酸三钙	16.84±1.88b	11.45±0.87cd	43.20±5.52ab
基质＋磷酸三钙	11.29±0.86c	9.79±0.83de	31.56±3.80c
溶磷细菌肥＋磷矿粉	16.83±1.92b	11.80±0.51c	51.03±7.36a
基质＋磷矿粉	12.61±1.06c	13.33±0.65b	29.79±2.78c

不同施肥处理复垦土壤碱性磷酸酶含量大小依次为溶磷细菌肥＞基质＞溶磷细菌肥＋磷矿粉＞溶磷细菌肥＋磷酸三钙＞基质＋磷矿粉＞基质＋磷酸三钙＞空白。溶磷细菌肥处理土壤磷酸酶含量比基质处理显著增加了 25.2%,溶磷细菌肥＋磷酸三钙处理土壤碱性磷酸酶含量比基质＋磷酸三钙处理显著增加了 49.2%,溶磷细菌肥＋磷矿粉比基质＋磷矿粉处理土壤磷酸酶含量显著增加了 33.5%,溶磷细菌肥各处理土壤磷酸酶含量显著高于基质各处理,施用溶磷细菌肥可以显著增加土壤碱性磷酸酶含量;溶磷细菌肥处理土壤磷酸酶含量最高,为 23.57 mg/kg,分别比溶磷细菌肥＋磷酸三钙、溶磷细菌肥＋磷矿粉处理增加 39.9%和 39.8%,基质处理土壤磷酸酶含量次之,为 18.82 mg/kg,分别比基质＋磷酸三钙、基质＋磷矿粉处理增加 66.7%和 49.2%。

不同施肥处理复垦土壤蔗糖酶含量大小依次为溶磷细菌肥＞基质＞基质＋磷矿粉＞溶磷细菌肥＋磷矿粉＞溶磷细菌肥＋磷酸三钙＞基质＋磷酸三钙＞空白,各处理土壤蔗糖酶含量都大于空白处理,溶磷细菌肥处理土壤蔗糖酶含量比基质处理显著增加了 35.4%,溶磷细菌肥＋磷酸三钙处理土壤蔗糖酶含量比基质＋磷酸三钙处理增加了 17.0%,溶磷细菌肥＋磷矿粉比基质＋磷矿粉处理土壤蔗糖酶含量增加了 12.9%,溶磷细菌肥各处理土壤蔗糖酶含量高于对应的基质各处理,施用溶磷细菌肥可以增加土壤蔗糖酶含量;不同施肥处理中溶磷细菌肥处理土壤蔗糖含量最高,为 18.52 mg/kg,分别比溶磷细菌肥＋磷酸三钙、溶磷细菌肥＋磷矿粉处理显著增加了 61.7%和 56.9%,基质处理土壤蔗糖酶含量次之,为 13.68 mg/kg,分别比基质＋磷酸三钙、基质＋磷矿粉处理增加 39.7%和 2.6%。

不同施肥处理复垦土壤脲酶含量大小依次为溶磷细菌肥＞溶磷细菌肥＋磷矿粉＞溶磷细菌肥＋磷酸三钙＞基质＞基质＋磷酸三钙＞基质＋磷矿粉＞空白,不同施肥处理土壤脲酶含量都显著高于空白处理,溶磷细菌肥处理 B 土壤脲酶含量

最高,为 55.81 mg/kg,溶磷细菌肥＋磷矿粉处理次之,为 51.03 mg/kg,溶磷细菌肥各处理土壤脲酶含量都大于对应的基质处理,施用溶磷细菌肥可以增加复垦土壤脲酶的含量。

7.2.1.4 溶磷细菌肥对复垦土壤油菜产量的影响

不同施肥处理油菜产量如图 7-5 所示。由图 7-5 可知不同施肥处理油菜产量大小依次为溶磷细菌肥＋磷酸三钙＞基质＋磷酸三钙＞溶磷细菌肥＋磷矿粉＞溶磷细菌肥＞基质＋磷矿粉＞基质＞空白,各处理油菜产量显著大于空白处理,溶磷细菌肥＋磷酸三钙、基质＋磷酸三钙、溶磷细菌肥＋磷矿粉、溶磷细菌肥、基质＋磷矿粉、基质处理油菜产量分别比空白处理显著增加 77.6%、64.0%、48.5%、38.4%、27.3% 和 16.2%。溶磷细菌肥＋磷酸三钙处理油菜产量最高,为 101.6 g/盆,比基质＋磷酸三钙处理增加了 8.32%,溶磷细菌肥＋磷矿粉处理油菜产量比基质＋磷矿粉处理增加了 16.6%,溶磷细菌肥处理油菜产量比基质处理增加了 22.8%,施用溶磷细菌肥比施用基质处理油菜增产效果显著;基质或溶磷细菌肥与磷酸三钙配施对复垦土壤上油菜产量的增加效果最显著,溶磷细菌肥＋磷酸三钙处理油菜产量分别比溶磷细菌肥、溶磷细菌肥＋磷矿粉处理增加 28.3%、19.7%,基质＋磷酸三钙处理油菜产量比基质＋磷矿粉、基质处理增加 28.8%、41.1%。

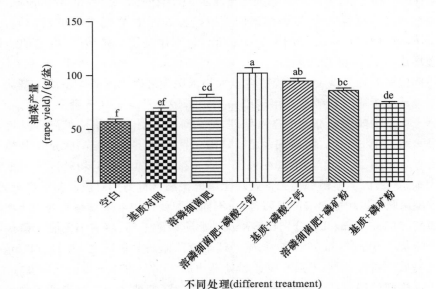

图 7-5 溶磷细菌肥不同处理油菜产量

Fig. 7-5 The rape yield of different fertilizer treatment

7.2.2 大田试验

7.2.2.1 溶磷细菌肥对复垦土壤微生物氮的影响

不同施肥处理复垦土壤微生物氮含量如图 7-6 所示。由图 7-6 可知,各施肥处理复垦土壤微生物氮含量显著高于空白处理,施肥可以增加土壤微生物氮,常规施肥、基质、溶磷细菌肥土壤微生物氮分别比空白增加 2.0、5.1、6.6 倍,施用溶磷细菌肥对复垦土壤微生物氮影响最大,溶磷细菌肥处理土壤微生物氮含量为 7.12 mg/kg,分别比常规施肥、基质对照增加 3.4、1.2 倍。

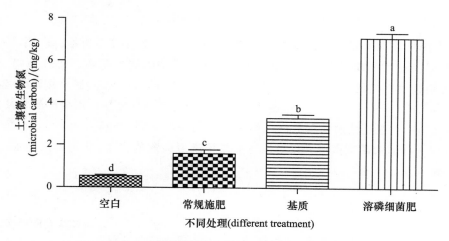

图 7-6 不同施肥处理复垦土壤微生物氮含量
Fig. 7-6 the reclaimed soil microbial nitrogen content of different fertilizer treatment

7.2.2.2 溶磷细菌肥对复垦土壤养分的影响

不同施肥处理复垦土壤有效磷、速效钾含量及 pH 如表 7-7 所示。由表 7-7 可知,不同施肥处理中,各施肥处理土壤有效磷含量显著高于空白处理,溶磷细菌肥处理土壤有效磷含量最高,为 10.14 mg/kg,比基质处理增加了 2.80 mg/kg,施用溶磷细菌可以提高土壤有效磷含量;不同施肥处理土壤速效钾含量大小依次为溶磷细菌肥>基质>常规施肥>空白,溶磷细菌肥处理土壤速效钾含量比基质对照增加了 17.6%,施用溶磷细菌肥同时可以增加土壤速效钾的含量;各处理复垦土壤 pH 以溶磷细菌肥处理最低,为 8.03,分别比空白处理、常规施肥、基质处理降低 0.01、0.05、0.06。

表 7-7　不同施肥处理复垦土壤有效磷、速效钾含量及土壤 pH

Tab. 7-7　the reclaimed soil Olsen-P, available K and pH of different fertilizer treatment

不同施肥处理 Different treatment	有效磷 （Olsen-P）/（mg/kg）	速效钾 （available K）/（mg/kg）	pH
空白	1.84±0.51c	106.61±9.83c	8.09±0.017a
常规施肥	5.69±1.24b	130.03±11.82b	8.08±0.04ab
基质	10.14±1.74a	148.58±22.41ab	8.04±0.02b
溶磷细菌肥	7.34±1.92ab	174.01±15.10a	8.03±0.015b

7.2.2.3　溶磷细菌肥对复垦土壤酶活性的影响

各施肥处理下复垦土壤磷酸酶、蔗糖酶、脲酶活性如图 7-7 所示。由图 7-7 可知,不同施肥处理碱性磷酸酶含量大小依次为溶磷细菌肥＞基质＞常规施肥＞空白,溶磷细菌肥处理磷酸酶活性最高,为 43.92 mg/kg,分别比基质、常规施肥、空白处理多 7.42、8.02、11.50 mg/kg,施用溶磷细菌肥可以增加复垦土壤磷酸酶含量;在不同处理中土壤蔗糖酶和脲酶都以溶磷细菌肥处理最高,分别为 24.20 mg/kg 和 25.00 mg/kg,溶磷细菌肥不仅可以增加复垦土壤磷酸酶含量,同时可以增加土壤蔗糖酶和脲酶含量。

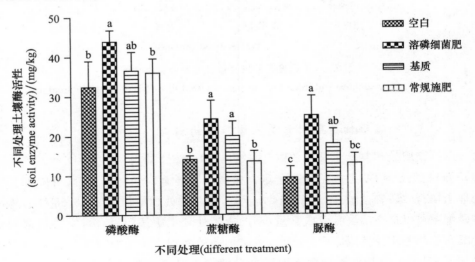

图 7-7　不同施肥处理复垦土壤磷酸酶、蔗糖酶及脲酶活性

Fig. 7-7　the reclaimed soil phosphatase, invertase, urease content of different fertilizer treatment

7.2.2.4 溶磷细菌肥对复垦土壤磷吸附解吸的影响

施入土壤的磷肥很容易被吸附固定,影响土壤吸附的因素有土壤本身的性质以及作物的种类等,土壤解吸是将吸附固定的部分磷素释放出来,是土壤有效化的过程,通常土壤解吸被认为是土壤吸附的逆过程,各处理土壤磷的吸附解吸相关常数如表 7-8 所示。

表 7-8　不同施肥处理复垦土壤吸附解吸特性相关常数
Tab. 7-8　the reclaimed soil Adsorption and desorption characteristics of different fertilizer treatment

处理 Treatment	Langmuir 吸附等温式	最大吸磷量 maximum adsorption capacity(X_m) /(mg/kg)	吸附常数 adsorption constant(k)	土壤最大缓冲容量 max buffering capacity of soil P(MBC) /(mL/g)	平均解吸磷率 average desorption rate/%
空白	$y=0.0013x+0.020$	769a	0.065a	49.98a	9.9c
基质	$y=0.0017x+0.034$	588c	0.050b	29.40c	13.4b
溶磷细菌肥	$y=0.0018x+0.041$	555c	0.044b	24.42d	14.7a
常规施肥	$y=0.0015x+0.024$	667b	0.063a	42.02b	13.1b

由表 7-8 可以看出,各施肥处理土壤磷素最大吸附量 X_m 大小依次为空白＞常规施肥＞基质＞溶磷细菌肥,空白处理土壤最大吸磷量值最大,为 769 mg/kg,其他各处理土壤最大吸磷量显著小于 CK 处理,溶磷细菌肥处理土壤最大吸磷量为 555 mg/kg,分别比空白、常规施肥、基质处理显著减少 214、112、33 mg/kg,施用溶磷细菌肥可以显著降低复垦土壤最大吸磷量。

各施肥处理土壤磷素吸附常数 k 大小依次为空白＞常规施肥＞基质＞溶磷细菌肥,各处理土壤最大吸磷量小于空白处理,溶磷细菌肥处理土壤吸附常数 k 为 0.044,分别比空白、常规施肥、基质处理小 0.006、0.019、0.021,施用溶磷细菌肥可以降低复垦土壤对外来磷的吸附能力。

各施肥处理复垦土壤最大缓冲容量以溶磷细菌肥处理最小,为 24.42 mL/g,施用溶磷细菌肥可以显著降低复垦土壤最大缓冲容量,分别比空白、常规施肥、基质处理显著减少 25.56、17.60、4.98 mL/g。

各施肥处理复垦土壤平均解吸率大小依次为溶磷细菌肥＞基质＞常规施肥＞空白,溶磷细菌肥处理复垦土壤平均解吸率最高,为 14.7%,分别比空白、常规施肥、基质处理显著增加 4.8%、1.3%、1.6%,溶磷细菌肥处理不仅可以降低复垦土

— 105 —

壤对磷的吸附,并且还可以增加土壤磷的解吸。

7.2.2.5 溶磷细菌肥对玉米产量的影响

不同施肥处理复垦土壤上玉米产量如图 7-8 所示。

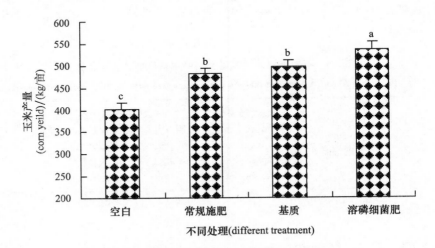

图 7-8　不同施肥处理复垦土壤上玉米产量

Fig. 7-8　The corn yield of different fertilizer treatment

由图 7-8 可知各施肥处理玉米产量都大于空白处理,溶磷细菌肥、基质、常规施肥处理玉米产量分别比空白增加 33.3%、23.3%、20.0%,溶磷细菌肥处理玉米增产显著,玉米产量为 535 kg/亩,分别比基质、常规施肥增加 8.1%、11.1%,在复垦土壤上施用溶磷细菌肥可以显著增加玉米产量。

7.3　讨论

7.3.1　溶磷细菌对土壤无机磷形态及有效性的影响

溶磷微生物对土壤难溶态磷转化为有效磷,必然会对土壤各种形态的磷含量产生影响。范丙全(2004)研究表明溶磷草酸青霉菌土壤 Ca_2-^{32}P、Ca_8-^{32}P 比例增加,Ca_{10}-^{32}P 比例降低;梁利宝(2008)研究认为溶磷细菌可以增加石灰性土壤 Ca_2-P、Al-P、Fe-P 的含量,土壤 Ca_8-P 和 Ca_{10}-P 含量减少,对闭蓄态磷(O-P)的影响较小;周鑫斌(2005)在石灰性土壤上、孙华(2002)在砂姜黑土上施用溶磷细菌肥,结果都表明溶磷微生物可以促进难溶态 Ca_{10}-P 和缓效态 Ca_8-P 向有效态磷的转化,土壤

中有效态磷 Ca_2-P 和 $Al-P$ 含量增加。本试验在采煤塌陷复垦土壤上施用溶磷细菌肥各处理土壤 Ca_2-P、Ca_8-P、$Al-P$、$Fe-P$ 的含量都大于对应的基质各处理,施用溶磷细菌肥各处理土壤 $O-P$ 和 $Ca_{10}-P$ 含量都小于对应的基质各处理,溶磷细菌的作用提高了土壤 Ca_2-P、Ca_8-P、$Al-P$、$Fe-P$ 的含量,降低了难溶态磷 $O-P$ 和 $Ca_{10}-P$ 的含量。

土壤各无机磷形态由于在土壤中的溶解度不同,对植物的有效性也不相同。冯固(1996)研究土壤各无机磷形态的有效性大小依次为 $Ca_2-P > Al-P > Ca_8-P > Fe-P > Ca_{10}-P > O-P$。本试验中各处理土壤各无机磷形态与有效磷的相关性研究表明,复垦土壤各无机磷形态有效性依次为 $Ca_2-P > Al-P \approx Ca_8-P > Fe-P > O-P > Ca_{10}-P$。施用溶磷细菌基质可以增加 Ca_2-P、$Al-P$、Ca_8-P、$Fe-P$ 的含量,增加土壤磷素的作物有效性。

7.3.2 溶磷细菌对土壤酶活性及作物增产的影响

溶磷微生物通过产酸和分泌磷酸酶活化土壤难溶态磷,对土壤微生物及酶活性也会产生影响,余旋(2012)研究表明各种溶磷微生物都可以增加土壤磷酸酶和脲酶的活性,随着外源磷浓度的增加,各种解磷菌菌剂对土壤微活性影响逐渐降低。本试验中施用溶磷细菌肥各处理土壤磷酸酶和脲酶含量都大于对应的基质各处理,单施溶磷细菌肥对磷酸酶影响大于溶磷细菌肥与磷酸三钙或磷矿粉配施,施入磷酸三钙土壤有效磷含量增加显著,土壤有效磷含量的增加影响溶磷微生物溶磷能力的发挥。

7.4 结论

7.4.1 盆栽试验

本试验通过盆栽试验在复垦土壤上种植油菜,研究溶磷细菌对复垦土壤无机磷形态、土壤酶活性及油菜产量的影响,结果如下:

(1)在油菜整个生长周期内,不同施肥处理中溶磷细菌肥与磷酸钙配施复垦土壤有效磷增加量最多,溶磷细菌肥+磷酸三钙施肥处理复垦土壤有效磷含量都高于其他处理,苗期溶磷细菌肥+磷酸三钙处理土壤有效磷含量比其他施肥处理增加 0.29~1.61 倍,中期比其他处理增加 0.08~3.76 倍,收获期比各处理增加 0.40~4.45 倍。

(2)油菜苗期和收获期,不同施肥处理中土壤 Ca_2-P、Ca_8-P、$Al-P$、$Fe-P$ 含量以溶磷细菌肥＋磷酸三钙为最高,苗期溶磷细菌肥＋磷酸三钙处理土壤 Ca_2-P、Ca_8-P、Al-P、Fe-P 含量比其他处理分别多 23.2～43.4、62.3～127.3、32.2～133.1、4.8～40.1 mg/kg,油菜收获期溶磷细菌肥＋磷酸三钙处理土壤 Ca_2-P、Ca_8-P、Al-P、Fe-P 含量比其他处理分别多 5.3～20.1、63.95～97.83、23.9～74.3、3.1～34.9 mg/kg,在油菜收获期,空白、基质、溶磷细菌肥、溶磷细菌肥＋磷酸三钙、基质＋磷酸三钙、溶磷细菌肥＋磷矿粉、基质＋磷矿粉复垦土壤 Ca_{10}-P 含量与苗期相比分别下降了 0.5%、1.5%、5.4%、5.3%、3.7%、2.8%、1.7%,收获期不同施肥处理复垦土壤 O-P 含量与苗期相比基本无变化。

(3)土壤有效磷含量与 Ca_2-P、Ca_8-P、Al-P、Fe-P、O-P、Ca_{10}-P 的相关系数分别为 0.971、0.864、0.862、0.823、0.543、0.097,土壤 Olsen-P 与土壤 Ca_2-P 呈极显著的正相关($p<0.01$),土壤 Olsen-P 与土壤 Ca_8-P、Al-P、Fe-P 呈显著的相关性($p<0.05$),与 O-P、Ca_{10}-P 无相关性,土壤 Olsen-P 与土壤 Ca_{10}-P 不具有相关性。

(4)不同施肥处理复垦土壤碱性磷酸酶活性比空白增加了 4.54%～118.24%,土壤蔗糖酶活性分别比空白处理增加了 12.66%～113.12%,土壤脲酶活性分别比空白增加了 77.01%～231.61%,单施溶磷细菌肥处理土壤 3 种酶活性高于其他处理;不同施肥处理油菜产量比空白处理增加了 16.2%～77.6%,溶磷细菌肥＋磷酸三钙处理油菜产量为 101.6 g/盆,比其他施肥处理增加 7.8%～52.8%。

7.4.2 大田试验

本试验通过田间试验在复垦土壤上种植玉米,研究溶磷细菌对复垦土壤磷素及玉米产量的影响,结果如下:

不同施肥处理中,溶磷细菌肥处理复垦土壤微生物氮含量最大,分别比空白、常规施肥、基质处理增加 6.6、3.4、1.2 倍;各处理中溶磷细菌肥处理土壤有效磷、速效钾、磷酸酶、蔗糖酶、脲酶含量都最高,溶磷细菌肥处理土壤有效磷比其他处理增加 0.38～4.51 倍,土壤速效钾增加 17.6%～64.2%,土壤磷酸酶含量增加 20.3%～35.5%,土壤脲酶含量增加 40.1%～169.7%,土壤蔗糖酶含量增加 21.1%～90.5%,施用溶磷细菌肥可以明显改善复垦土壤养分及生物活性;不同处理玉米产量大小依次为溶磷细菌肥＞基质＞常规施肥＞空白,溶磷细菌肥处理玉米增产显著,玉米产量为 535 kg/亩,分别比基质、常规施肥增加 8.1%、11.1%,在复垦土壤上施用溶磷细菌肥可以显著增加玉米产量。

8　结论和展望

8.1　结论

本书从山西 10 个地区有代表性的 4 种石灰性土壤中,筛选溶磷细菌,并对筛选的部分溶磷细菌菌株组合,将组合溶磷细菌做成溶磷细菌生物有机肥应用于复垦土壤上,系统研究了溶磷细菌对复垦土壤磷素的影响,取得了许多研究结果,现将研究结果归纳总结如下:

(1)利用溶磷细菌选择性培养基对山西省 10 个地市 44 个县区的 440 个土样进行分离筛选,初步筛选出溶磷细菌 147 株,将 147 株溶磷细菌分别接种在磷酸三钙液体培养基中,进一步筛选出溶磷量大于 200 mg/L 的细菌 25 株,经过 5 次纯化后,有 12 株溶磷能力显著下降或丧失溶磷能力,最终筛选出遗传性稳定且在磷酸三钙液体培养基中溶磷量仍大于 200 mg/L 的细菌 13 株;通过形态观察、生理生化鉴定结合 16s RAN 测序结果对 13 株溶磷细菌进行了鉴定,其中 7 株属于肠杆菌(*Enterobacter* sp.);3 株属于拉恩氏菌(*Rahnella*);1 株属于蜡样芽孢杆菌(*Waxy bacillus*);2 株属于荧光假单胞菌(*Fluorescent pseudomonas*);13 株溶磷细菌在磷酸三钙液体培养基中的溶磷量为 296.5～563.5 mg/L,在磷矿粉液体培养基中的溶磷能力 5.35～18.49 mg/L,在磷酸铁液体培养基中的溶磷量为 38.33～173.63 mg/L,在磷酸铝液体培养基中的溶磷量为 32.03～72.07 mg/L,13 株溶磷细菌对各种无机态磷酸盐都有一定的溶解能力,可以作为溶磷细菌肥料的菌源。

(2)溶磷拉恩氏菌 W25 在磷酸三钙、磷酸铝、磷酸铁培养液中有效磷含量最大值分别为 403.4、110.4、216.6 mg/L,培养液有效磷含量与培养液 pH 变化之间均呈现显著相关($p<0.05$);随着培养液磷酸钙浓度的增加,拉恩氏菌 W25 对磷酸三钙的溶解率降低,磷酸钙浓度为 1 g/L 时,磷酸钙溶解率为 18.2,当磷酸钙浓度为 16 g/L 时,磷酸钙溶解率仅为 1.11%;拉恩氏菌 W25 在培养第 2～4 天具有较强的缓冲能力,加碱调节处理培养液有效磷含量与未加碱处理相比仅减少 3.6%、4.8%、3.9%,差异不显著,从第 5 天开始,拉恩氏菌 W25 缓冲能力开始减弱,加碱处理培养液有效磷含量比为加碱处理减少 14.7%,第 7 天加碱处理培养液有效磷

仅为 135.4 mg/L,未加碱的培养液有效磷含量为 385.5 mg/L,菌株在 7 d 后基本丧失了缓冲能力;拉恩氏菌 W25 以葡萄糖为碳源,以硝酸铵为氮源时对磷酸三钙的溶解能力最大,在磷酸三钙液体培养基中有效磷含量为 427.1 mg/L,拉恩氏菌 W25 对碳源的利用顺序依次为葡萄糖＞乳糖＞蔗糖＞甘露醇＞淀粉,对氮源的利用顺序依次为硝酸铵＞氯化铵＞硫酸铵＞硝酸钠＞硝酸钾。

(3)培养液中碳源的浓度对拉恩氏菌 W25 溶磷能力影响较大,培养液葡萄糖浓度从 1 g/L 增加到 10 g/L,培养液有效磷含量从 78.43 mg/L 显著增加到 385.51 mg/L,当葡萄糖浓度从 10 g/L 增加到 20 g/L 时,溶磷量从 385.51 mg/L 增加到 396.26 mg/L,增加量不显著($p < 0.05$),培养液葡萄糖浓度以 10 g/L 为宜;培养液硫酸铵浓度从 0.05 g/L 增加到 1 g/L,拉恩氏菌 W25 培养液 OD_{600} 从 0.20 增加到 0.65,但是培养液有效磷含量从 412.48 mg/L 减少到 336.57 mg/L,高浓度的硫酸铵有利于拉恩氏菌 W25 的生长,菌株溶磷能力受到抑制,因此培养液硫酸铵浓度以 0.1 g/L 为宜;合适的硝铵配比有助于菌株的生长和溶磷能力的发挥,硝态氮和铵态氮比例为 25∶75 和 505∶50 时,菌株的溶磷量比单独以硫酸铵为氮源高 6.27% 和 6.31%;外加磷源浓度小于 20 μg/mL,对拉恩氏菌 W25 溶磷能力的影响较小,当外加磷源浓度大于 20 μg/mL,随着外加磷源浓度的增加,对拉恩氏菌 W25 溶磷能力的影响越大;不同碳氮磷源条件下拉恩氏菌 W25 溶磷能力不同,产酸的种类也不同,菌株溶磷能力的大小不仅与产生有机酸的种类有关,而且还与有机酸的含量有关。

(4)蜡样芽孢杆菌、拉恩氏菌、假单胞菌 1 和假单胞菌 2 彼此之间及不同组合都无拮抗关系;拉恩氏菌＋假单胞菌 1＋假单胞菌 2 对磷酸三钙的溶解能力为 609.10 mg/L,培养液有效磷含量比单菌株拉恩氏菌、假单胞菌 1、假单胞菌 2 分别多 223.6、124.5、45.6 mg/L,比拉恩氏菌＋假单胞菌 1、拉恩氏菌＋假单胞菌 2、假单胞菌 1＋假单胞菌 2 多 37.2、27.3、15.9 mg/L,从不同组合溶磷细菌对磷酸三钙溶解能力方面考虑,确定最佳溶磷细菌组合为拉恩氏菌＋假单胞菌 1＋假单胞菌 2;拉恩氏菌＋假单胞菌 1＋假单胞菌 2 以葡萄糖为碳源,硫酸铵为氮源培养液有效磷含量为 609.1 mg/L,对碳源的利用顺序依次为葡萄糖＞甘露醇＞蔗糖＞麦芽糖＞淀粉,对氮源的利用顺序依次为硫酸铵＞硝酸钾＞硝酸钠＞尿素＞氯化铵;不同碳源、氮源、培养液初始 pH 及接菌量拉恩氏菌＋假单胞菌 1＋假单胞菌 2 生长量及溶磷能力不同,拉恩氏菌＋假单胞菌 1＋假单胞菌 2 最佳生长条件是葡萄糖 15 g/L,硫酸铵 0.13 g/L,培养液初始 pH 为 7,接菌量 3%,各因素对拉恩氏菌＋假单胞菌 1＋假单胞菌 2 生长的影响大小依次为葡萄糖＞硫酸铵＞接菌量＞pH;拉恩氏菌＋假单胞菌 1＋假单胞菌 2 发挥最佳溶磷能力培养基配方:葡萄糖 15 g/L,硫酸铵 0.67 g/L,培养液初始 pH 为 7,接菌量 1%,各因素对拉恩氏菌＋假单胞菌 1＋假单胞菌 2 溶磷能力的影响大小依次为葡萄糖＞pH＞接菌量＞硫酸铵,在最佳培养条件的溶磷能力为 664.29 mg/L,较普通溶磷菌发酵培养基溶磷量显著增加 55.19 mg/L。

(5)溶磷细菌不同处理复垦土壤溶磷细菌数量在培养 7 d 后达到最大值,溶磷细菌＋葡＋尿＋有机肥处理土壤溶磷细菌数量最多,为 6.5×10^8,分别是溶磷菌、溶磷细菌＋尿、溶磷细菌＋葡、溶磷细菌＋葡＋尿处理的 65、29.5、9.3、5.4 倍,溶磷细菌各处理在培养 60 d 后土壤中溶磷细菌数目仍保持在 3.3×10^4(CFU/g 鲜土),溶磷细菌与葡萄糖,尿素和有机肥共同施入复垦土壤中,对复垦土壤溶磷细菌数量的增加具有明显的促进作用;在复垦土壤上溶磷细菌、葡萄糖、尿素及有机肥混合施用,可以显著增加土壤有效磷含量,溶磷细菌＋葡＋尿＋有机肥处理土壤有效磷含量分别比有机肥、溶磷细菌＋葡处理多 16.63、183.17 mg/kg;溶磷细菌＋葡＋尿＋有机肥、溶磷细菌＋葡＋尿、溶磷细菌＋葡处理复垦土壤碱性磷酸酶含量比单施溶磷细菌处理显著增加 9.56、6.54、2.22 倍,溶磷细菌＋葡＋尿＋有机肥处理土壤酸性磷酸酶为 10.33 mg/kg,与溶磷细菌其他各处理相比差异显著;溶磷细菌处理与空白处理相比,土壤最大吸磷量降低 64.1 mg/kg,吸附常数降低 0.008,最大缓冲容量降低 10.58 mL/g,解吸磷量增加,平均解吸率增加 2.03%,溶磷细菌、葡萄糖、尿素、有机肥配合施用,比单施溶磷细菌处理对土壤吸附解吸影响更大,溶磷细菌＋葡＋尿＋有机肥处理比单施溶磷细菌处理土壤最大吸磷量减少 54.95 mg/kg,吸附常数降低 0.019,最大缓冲容量降低 16.93 mL/g,解吸磷量增加,平均解吸率增加 20.52%。

(6)在油菜整个生长周期内,不同施肥处理中溶磷细菌肥与磷酸钙配施复垦土壤有效磷增加量最多,溶磷细菌肥＋磷酸三钙施肥处理复垦土壤有效磷含量都高于其他处理,苗期溶磷细菌肥＋磷酸三钙处理土壤有效磷含量比其他施肥处理增加 0.29～1.61 倍,中期比其他处理增加 0.08～3.76 倍,收获期比各处理增加 0.40～4.45 倍。油菜苗期和收获期,不同施肥处理中土壤 $Ca_2\text{-}P$、$Ca_8\text{-}P$、$Al\text{-}P$、$Fe\text{-}P$ 含量以溶磷细菌肥＋磷酸三钙为最高,苗期溶磷细菌肥＋磷酸三钙处理土壤 $Ca_2\text{-}P$、$Ca_8\text{-}P$、$Al\text{-}P$、$Fe\text{-}P$ 含量比其他处理分别多 23.2～43.4、62.3～127.3、32.2～133.1、4.8～40.1 mg/kg,油菜收获期溶磷细菌肥＋磷酸三钙处理土壤 $Ca_2\text{-}P$、$Ca_8\text{-}P$、$Al\text{-}P$、$Fe\text{-}P$ 含量比其他处理分别多 5.3～20.1、63.95～97.83、23.9～74.3、3.1～34.9 mg/kg,在油菜收获期,空白、有机肥、溶磷细菌肥、溶磷细菌肥＋磷酸三钙、有机肥＋磷酸三钙、溶磷细菌肥＋磷矿粉、有机肥＋磷矿粉复垦土壤 $Ca_{10}\text{-}P$ 含量与苗期相比分别下降了 0.5%、1.5%、5.4%、5.3%、3.7%、2.8%、1.7%,收获期不同施肥处理复垦土壤 O-P 含量与苗期相比基本无变化。土壤有效磷含量与 Ca_2-P、Ca_8-P、Al-P、Fe-P、O-P、Ca_{10}-P 的相关系数分别为 0.971、0.864、0.862、0.823、0.543、0.097，土壤 Olsen-P 与土壤 Ca_2-P 呈极显著的正相关（$p < 0.01$），土壤 Olsen-P 与土壤 Ca_8-P、Al-P、Fe-P 呈显著的相关性（$p < 0.05$），与 O-P、Ca_{10}-P 无相关性，土壤 Olsen-P 与土壤 Ca_{10}-P 不具有相关性。不同施肥处理复垦土壤碱性磷酸酶活性比空白增加了 4.54%～118.24%，土壤蔗糖酶活性分别比空白处理增加了 12.66%～113.12%，土壤脲酶活性分别比空白增加了 77.01%～231.61%，单施溶磷细菌肥处理土壤三种酶活性高于其他处理；不同施肥处理油菜产量比空白处理增加了 16.2%～77.6%，溶磷细菌肥＋磷酸三钙处理油菜产量为 101.6 g/盆，比其他施肥处理增加 7.8%～52.8%。

（7）大田玉米试验中，不同施肥处理溶磷细菌肥处理复垦土壤微生物氮含量最大，分别比空白、常规施肥、基质处理增加 6.6、3.4、1.2 倍；各处理中溶磷细菌肥处理土壤有效磷、速效钾、磷酸酶、蔗糖酶、脲酶含量都最高，溶磷细菌肥处理土壤有效磷比其他处理增加 0.38～4.51 倍，土壤速效钾增加 17.6%～64.2%，土壤磷酸酶含量增加 20.3%～35.5%，土壤脲酶含量增加 40.1%～169.7%，土壤蔗糖酶含量增加 21.1%～90.5%，施用溶磷细菌肥可以明显改善复垦土壤养分及生物活性；不同处理玉米产量大小依次为溶磷细菌肥＞基质＞常规施肥＞空白，溶磷细菌肥处理玉米增产显著，玉米产量为 535 kg/亩，分别比基质、常规施肥增加 8.1%、11.1%，在复垦土壤上施用溶磷细菌肥可以显著增加玉米产量。

8.2 展望

（1）本试验对拉恩氏菌的研究仅限于理论研究，在实际生产应用中应该对其进行毒理及病理方面的安全性检测，以保证在实际应用中的安全性。

（2）通过平板计数法研究溶磷细菌肥对复垦土壤溶磷细菌数量的影响，这一方法比较传统和陈旧，在今后的研究中应结合耐药性标记、基因标记或微生物多样性的分析方法，更加准确地去反映溶磷细菌在土壤中的定殖能力和规律。

（3）本试验研究溶磷细菌在复垦土壤上的应用效果，应该尽可能地在农田或大棚土壤上研究溶磷细菌施用效果，为溶磷细菌的推广使用提供基础。

参 考 文 献

[1] Agnihotri V P. Solubilization of insoluble phosphate by some soil fungi isolated from nursery seedbeds[J]. Can J Microbiol,1970,16:877-880.

[2] B Sundara,V Natarajan,K Hari. Influence of phosphorus solubilizing bacteria on the changes in soil available phosphorus and sugarcane and sugar yields [J]. Field Crops Research,2002,77:43-49.

[3] Bache B W and Christina I. Desorption of phosphate from soil using anion exchange resins[J]. Soil Sci,1980,31:297-306.

[4] Banik S and B K Dey. Phytohormone producing ability of phosphate solubilizing bacteria[J]. Indian Agric. ,1982,22:93-97.

[5] Beever R E,Burns D J W. Phosphorus uptake,storage and utilization by fungi [J]. Adv Bot Res,1980,8:127-219.

[6] Behbahani M. Investigation of biological behavior and colonization ability of Iranian indigenous phosphate solubilizing bacteria[J]. Scientia Horticulturae, 2010,124(3):393-399.

[7] Belimov A A,Kojemiakov A P,Chuvarliyeva C V. Interaction between barley and mixed cultures of nitrogen fixing and phosphate-solubilizing bacteria[J]. Plant and Soil,1995,173:29-37.

[8] Bi Y L,Hu Z Q. Respective of applying VA mycorrhiza to reclamation. In: Mine Land Reclamation and Ecological Restoration for 21 Century: Beijing International symposium on land reclamation[M]. Beijing: China Coal Industry Publishing House,2000:555-559.

[9] Bowman A,Cole C V. An exploratory method for fractionation of organic phosphorus from grassland[J]. Soil Sci. ,1978,125:49-54.

[10] C A Oliveira,VMC Alves,IE Marriel,et al. Phosphate solubilizing microorganisms isolated from rhizophere of maize cultivated in an oxisol of the Brazilian Cerrado Biome[J]. Soil Biology and Biochemistry,2009,41:1782-1787.

[11] Castillo X,Joergensen R G. Impact of ecological and conventional arable management systems on chemical and biological soil quality indices in Nicaragua

[J]. Soil Biology and Biochemistry,2001,33(12):1591-1597.

[12] Chauhan B S,Stewart J W B,Paul. Effect of labile inorganic phosphate status and organic carbon additions on the microbial uptake of phosphorus in soils [J]. Canadian Journal of Soil Science,1981,61(2):373-385.

[13] Chen C R,Condron L M,Davis M R. Seasonal changes in soil phosphorus and associated microbial properties under adjacent grassland and forest in Zealand[J]. Forest Ecology and Management,2003,177(1/3):539-557.

[14] Chen H,Zheng C and Zhu Y. Phosphorus:a limiting factor for restoration of soil fertility in a newly reclaimed coal mined site in Xuzhou,China[J]. Land Degradation Develop,1998,9:115-121.

[15] Chen H,Zheng Y and Zhu Y. Phosphorus:a limiting factor for restoration of soilfertility in a newly reclamated coal mined site in Xuzhou,China[J]. Land Degradation and Development,1996,9(2):176-183.

[16] Chen Y P,Rekha P D,Arun A B,et al. Phosphate solubilizing bacteria from subtropical soil and their tricalcium phosphate solubilizing abilities [J]. Applied Soil Ecology,2006,34(1):33-41.

[17] Chiou T J,Lin S I. Signaling network in sensing phosphate availability in plants[J]. Plant Biol,2011,62:185-206.

[18] Cunningham,Kuiack and Komendant. Vibility of Penicillium bilaji and Colletotrichum gloeosporiodes conidia from liquid cultures[J]. Bot,1990,(68):2270-2274.

[19] Daft M J,Hacskaylo E. Arbuscular mycorrhizas in the anthracite and bituminous coal wastes of Pennsylvania [J]. Journal of Applied Ecology,1976,13:523-531.

[20] Daft M J,Hacskaylo E. Growth of endomycorrhizal and non-mycorrhizal red maole seddlings in sand and anthracite spoil[J]. Forest Science,1977,23:207-216.

[21] Dalal R C. Soil organic phosphorus[J]. Adv Agro. ,1977,29:83-119.

[22] David L T,Peter R D. Role of root derived organic acids in the mobilization of nutrients from the rhizosphere[J]. Plant ans Soil,1994,16:247-257.

[23] Dietz K J,Foyer C H. The relationship between phosphate status and photosynthesis in leaves,reversibility of the effects of phosphate deficiency on photosynthesis [J]. Planta,1986,167:369-375.

[24] Duff R B, Webley D M, Scott R O. Solubilization of minerals and related materials by 2-ketogluconic acid-produced bacteria[J]. Soil Science, 1963, 95: 105-114.

[25] Earl K D, Syers J K, Mclaughlin J R. Origin of the effect of citrate, tratrate, and acetateonphosphates sorption by soils and synthetic gels[J]. Soil Sci, 1997, 43: 674-678.

[26] Fageria N K, Baligar V C, Li Y C. The role of nutrient efficient plants in improving crop yields in the twenty first century[J]. Plant Nutr, 2008, 31: 1121-1157.

[27] Gnansiri S, Hirohumi S. Cell membrane stability and leaf water relation as affected by phosphorus nutrition under water stress in Maize[J]. Soil Sci Plant nutri, 1990, 36(4): 661-666.

[28] Gupta R D. Occurrence of phosphate dissolving bacteria of Northwest Himalayas under varying biosequence and climosequence[J]. J Indian Soc Soil Sci, 1986, 34(3): 498-504.

[29] Gyaneshwar P, Naresh K G, Parekh L J. Role of soil microbial in improving P nutrition of plants[J]. Plant Soil, 2002, 245: 83-93.

[30] Hameeda B, Harini G, Rupela O. P, et al. Growth promotion of maize by phosphate solubilizing bacteria isolated from composts and macrofauna[J]. Microbiological Research, 2008, 163: 234-242.

[31] Hanane H, Mohamed H, Marie Joelle V. Growth promotion and protection against damping-off of wheat by two rock phosphate solubilizing actinomycetes in a P-deficient soil under greenhouse conditions[J]. Applied soil ecology, 2008, 40: 510-517.

[32] Haynes R J and Shift R S. Effect of liming and air-drying on the adsorption of phosphate by some acid soil[J]. Soil Sci, 1985, 36: 513-521.

[33] He Z L, Wu J, Syers J K. Seasonal responses in microbial biomass carbon, phosphorus and sulphur in soils under pasture[J]. Biology and Fertility of Soils, 1997, 24: 421-428.

[34] Hilda Rodriguze, Reynado Fraga. Phosphate solubilizing bacteria and their role in plant growth promotion[J]. Biotechnology Advances, 1999, 17: 319-339.

[35] Holfod IC R and Patrick W H. Effects of reduction and pH changes on phosphate

sorption and mobility in an acid soil[J]. Soil Sci,1979,43:292-297.

[36] Hortencia G M,Victor O. Alteration of tomato fruit quality by root inoculation with plant growth-promoting rhizobacteria[J]. Sci Hortic ,2007,11(1): 103-106.

[37] Illmer P,Schinner F. Solubilization of inorganic calcium phosphates-solubilization mechanisms[J]. Soil Boil Biocheml,1995,27(3):257-263.

[38] Kloepper J W,Schroth M N,Miller T D. Enhanced plant growing by siderophores produced by plant growing promoting rhizobacteria[J]. Nature,1980,286: 885-886.

[39] Knight B. Biomass carbon measurements and substrate utilization patterns of microbial population from soils with cadmium copper or zinc[J]. Applied and Environmental Microbiology,1997,63:39-43.

[40] Kucey R M N and E A Pall. Vesicular arbuscular mycorrhizal spore populations in various Saskatchewan soils and the effect of inoculation with Glomus mosseae on faba bean growth in greenhouse and field trails[J]. Canadian Journal of Soil Science,1983,63:87-95.

[41] Kucey R M N. Increased phosphorus uptake by wheat and field beans inoculated with a phosphorus solubilizing Penicillium blaji strain and vesieular arbuscrlar mycorrbizal fungi[J]. Applied Environmental Microbiology,1989,5 (3),2699-2703.

[42] Kucey R M N. Phosphate solubilizing bacteria and fungiin various cultivated and virgin Alberta soils [J]. Canadian Journal of Soil Science, 1983, 63: 671-678.

[43] Kundu B S,Gaur A C. Rice response to inoculation with N_2-fixing and Psolubilizing microorganisms[J]. Plant and Soil,1984,79:227-234.

[44] Kuske C R,Ticknor L Q,Miiler M E. Comparison of soil bacterial communities in rhizosphere of three plant species and the interspaces in an arid grassland[J]. Applied and Environmental Microbiology,2002,68:1854-1863.

[45] Lawrence J R,Korber D R,Delaquis P J. Behavior of Pseudomonas fluorescens with in the hydrodynamic boundary layers of surface microenvironments[J]. 1987,14:1-14.

[46] Loper J E,Haack C and Schroth M N. Population dynamics of soil pseudomonads in rhizosphere of potato[J]. App Environ Microbiol,1985,49:416-422.

[47] Louw H A，Webleye D M. A plate method for estimating the numbers of phosphate-dissolving and acid-producing bacteria in soil[J]. Nature，1958，182：1317-1318.

[48] Ma Z，Walk T C，Marcus A. Morphological synergism in root hair length，density，initiation and geometry for P acquisition in Arabidopsis thaliana[J]. Plant Soil，2001，236：221-235.

[49] Madhulika S，K ulpreet B，RSichas Y，et al. Tea polyphenols enhance cisplatin chemosensitivity in cervical cancer cells via induction of apoptosis[J]. Life Sciences，2003，93(1)：7-16.

[50] Mamta，P R，Vijaylata P. Stimulatory effect of phosphate-solubilizing bacteria on plant growth，stevioside and rebaudioside-A contents of stevia rebaudiana Bertoni[J]. Applied Soil Ecology，2010，46：222-229.

[51] Mandana Behbahani. Investigation of biological behavior and colonization ability of Iranian indigenous phosphate solubilizing bacteria[J]. Scientia Horticulturae，2010，24：393-399.

[52] Moghimi A，Tate E. Does 2-ketogluconic chelate calcium in the pH range 2.4 to 3.4[J]. Soil Biol Biochem，1978，10：289-292.

[53] Molla and A A Chowdhury，Microbial mineralization of organic phosphate in soil[J]. Plant and soil，1984，78：393-399.

[54] Motokazu N，Kanami S，Tadahiro O，et al. A study of the antibacterial mechanism of catechins：Isolation and identification of Escherichia colicell surface proteins that interact with epigallocatechin gallate[J]. Food Control，2013，33(2)：433-439.

[55] Nautial Shekhar C. An efficient microbiological growth medium for screening phosphate solubilizing microoraganisms[J]. FEMS Microbiol Lett，1999，170(1)：265-270.

[56] Normander B，Hendriksen N B，Nybroe O. Green fluorescent protein-marked pseudomonas fluorescens：Localization，viability and activity in the natural barley rhizosphere[J]. Appl Environ Microbiol，1999，65：4646-4651.

[57] Noyd R K，Pfleger F L，Norland M R. Field responses to added organic matter，arbuscular mycorrhizal fungi and fertilizer in reclaimation of taconite iron ore tailing[J]. Plant and Soil，1996，179：89-97.

[58] Park J. H，Bolan N，Megharaj M. et al. Isolation of phosphate solubilizing

bacteria and their potential for lead immobilization in soil[J]. Journal of Hazardous Materials,2011,185(23):829-836.

[59] Patel D K,Archana G,Kumar G N,et al. Variation in the nature of organic acid secretion and mineral phosphate solubilization by Citrobacter in the presence of different sugars[J]. Current Microbiology,2008,56(2):168-174.

[60] Paul N B,Sundara R. Phosphate dissolving bacteria in the rhizosphere of some cultivated hegumes[J]. Plant and Soil,1971,35:127-132.

[61] Rashid M,Khalil S,Ayub N. Organic acids production and phosphate solubilization by phosphate solubilizing microorganisms(PSM) under in vitro conditions [J]. Pakistan Journal of Biological Sciences,2004,7(2):187-196.

[62] Ratnayake M,Leonard R T,Menge J A. Root exudation in relation to supply of phosphorus and its possible relevance to mycorrhizal formation[J]. New Phytologist,1978,81(3):543-552.

[63] Reyes I,Bernier L,Simard R R,Antoun H. Effect of nitrogen source on the solubilization of different inorganic phosphates by an isolate of Penicillium rugulosum and two UV-induced mutants[J]. FEMS Microbiology Ecology,1999,28(3):281-290.

[64] Rodriguez D,Santa G E. Effects of phosphorus and drought stress on dry matter and phosphorus allocation in wheat in wheat[J]. Plant Nutrition,1995,18:2501-2517.

[65] Simons M,Brand J. Gnotobiotic system for studying rhizosphere colonization by plant growth promoting Pseudomonas bacteraria[J]. Molecular Plant Microbe Interactions,1996,9:600-607.

[66] Singh M,Prakash N T. Characterisation of phosphate solubilising bacteria in sandy loam soil under chickpea cropping system[J]. Indian Journal of Microbiology,2012,52(2):167-173.

[67] Sivak M N,Walker D A. Oscillations and other symptoms of limition of in vivo photosynthesis by inadequate phosphate supply to the chloroplast[J]. Plant Physiol Biochem,1987,25:635-648.

[68] Smith K P and Goodman R M. Host variation for interactions with beneficial plant-associated microbes[J]. Ann Rev Phytopathol,1999,37:473-491.

[69] Sperber J I. The incidence of apatite by soil microorganisms producing organic acids[J]. Australian J Agricultural Research,1958,9:782-787.

[70] Srivastava S C. Microbial C,N and P in dry tropical soils:seasonal changes and influence of soil moisture[J]. Soil Biology and Biochemistry,1982,14: 319-329.

[71] Tisdall J M,Oades J M. Stabilization of soil aggregates by the root systems of ryegrass[J]. Aust J Soil Res. ,1979,17:429-441.

[72] Toro M R A and Herrera R. Effects on yield and nutrion of mycorrhizal and nodulated Pueraria phaseoloides exerted by P-solubilizing rhizobacteria[J]. Biol Fert soils,1996,21(1):23-29.

[73] Van Elsas J D,van Overbeek L S,Feldmann A M et al. Survival of genetically engineered Pseudomonas fluorescens in soil in competition with the parent strain[J]. FEMS Microbiol Ecol,1991,85:53-64.

[74] Vance E D,Brookes P C,Jenkinson D S. An extraction method for measuring soil microbial biomass C [J]. Soil Biology and Biochemistry, 1987, 19: 703-707.

[75] Varsha Narsian,H H Patel. Aspergillus aculeatus as a rock phosphate solubilizer [J]. Soil Biology and Biochemistry,2000,32(4):559-565.

[76] Venkateswarlu B,Rao A V and Raina P. Evaluation of phosphorus solubilization by micro-organisms isolated from aridisols[J]. J Indian Soc Soil Sci,1984,32 (2):273-277.

[77] Vikas Sharma,G Archana,G Naresh Kumar. Plasmid load adversely affects growth and gluconic acid secretion ability of mineral phosphate-solubilizing rhizospheric bacterium Enterobacter asburiae PS13 under P limited conditions[J]. Microbiological Research,2011,166:36-46.

[78] Vora M S and Shelat H N. A unique strain solubilizing tricalcium phosphate [J]. Indian J Agric Sci,1998,68(9):630-631.

[79] Vora M S,Shelath H N. Impact of addition of different carbon and nitrogen sources on solubization of rock phosphate by phosphate-solubilizing micro-organisms[J]. Indian Journal of Agricultural Science,1997,68(6):292-294.

[80] Vyas,Pratibha,Robin Joshi,et al. Cold-Adapted and Rhizosphere-Competent Strain of Rahnella sp with Broad-Spectrum Plant Growth-Promotion Potential[J]. J. Microbiol. Biotechnol,2010,20(12):1724-1734.

[81] Wenzel C L,Ashford A E,Summerell B A,et al. Phosphate solubilizing bacteria associated with proteoid roots of seedlings of waratah[J]. New Phytologist,

1994,128(3):487-496.

[82] Whitelaw M A,Harden T J and Helyar K R. Phosphate solubilisation in solution culture by the soil fungus Penicilli umradicum[J]. Soil Biol Biochem,1999(31):655-665.

[83] Xuan Yu,Xu Liu,Tian-hui Zhu,et al. Isolation and characterization of phosphate-solubilizing bacteria from walnut and their effect on growth and phosphorus mobilization[J]. Biology and Fertility of Soils,2011,47:437-446.

[84] Yang X J,Finnergan P M. Rrgulation of phosphate starvation responses in higher plants[J]. Ann Bot,2010,105:513-526.

[85] Zahera Abbass,Yaacor Okon. Plant growth promotion by Azotobacter paspali in the rhizosphere[J]. Soil Biol Biochem,1993,25(8):1075-1083.

[86] 卞正富. 我国煤矿区土地复垦与生态重建研究进展[J]. 资源·产业,2005,7(2):18-24.

[87] 毕银丽,胡振琪,司继涛,等. 接种菌根对充填复垦土壤营养吸收的影响[J]. 中国矿业大学学报,2002,31(3):252-257.

[88] 常慧萍,祝凌云,于士军,等. 小麦根际固氮菌,解磷菌和解钾菌的互作效应[J]. 中国土壤与肥料,2008,12(4):57-59.

[89] 曹一平,崔健宇. 石灰性土壤中油菜根际磷的化学动态及生物有效性[J]. 植物营养与肥料学报,1994,1(1):49-54.

[90] 曹志红,李庆奎. 黄土土壤对磷的吸附与解析[J]. 土壤学报,1988,25(4):218-226.

[91] 陈国潮,何振立,黄昌勇. 红壤微生物量磷与土壤磷之间的相关性研究[J]. 浙江大学学报(农业与生命科学版),1999,25(5):513-516.

[92] 陈安磊,王凯荣,谢小立,等. 不同施肥模式下稻田土壤微生物生物量林对土壤有机碳和磷素变化的响应[J]. 应用生态学报,2007,18(12):2733-2738.

[93] 陈芬,洪坚平,郝鲜俊,等. 不同培肥处理对采煤塌陷地复垦土壤 Hedley P 形态的影响[J]. 山西农业科学,2012,40(3):243-245.

[94] 陈华癸,李卓棣,陈文新. 土壤微生物学[M]. 上海:上海科学技术出版社,1979,225-228.

[95] 陈丽媛,张翠霞,等. EM 的应用及研究现状[J]. 微生物学杂志,2000,20(2):54-55.

[96] 程宝森,房玉林,刘延林,等. 渭北旱塬葡萄根基解溶磷细菌的筛选及其对葡萄促生效应的研究[J]. 西北农业学报,2009,4:185-190.

[97] 程传敏,曹翠玉.干湿交替过程中石灰性土壤无机磷的转化及其有效性[J].土壤学报,1997,34(4):382-391.

[98] 崔树军,谷立坤,康有轩,等.煤矿废弃地的微生物修复技术[J].金属矿山,2010(4):176-179.

[99] 戴沈艳,贺云举,申卫收,等.一株高效解溶磷细菌的紫外诱变选育及其在红壤稻田施用效果[J].生态环境学报,2010,19(7):1646-1652.

[100] 杜立新,冯书亮,曹克强,等.枯草芽孢杆菌 BS-208 和 BS-209 菌株在番茄叶面及土壤中定殖能力的研究[J].河北农业大学学报,2004,27(6):78-82.

[101] 范丙全,金继运,葛诚. ^{32}P 示踪法研究溶磷真菌对磷肥转化固定和有效性的影响[J].应用生态学报,2004,15(11):2142-2146.

[102] 范丙全,金继运,葛诚.溶磷真菌促进磷素吸收和作物生长的作用研究[J].植物营养与肥料学报.2004,10(6):620-624.

[103] 范丙全.北方石灰性土壤中青霉菌 P8 活化难溶磷的作用和机理研究[D].北京:中国农业科学院博士论文,2001.

[104] 方亭亭,邓桂芳,刘华中,等.一株磷矿粉分解细菌的筛选与鉴定[J].湖北名族学院学报(自然科学版),2010,28(1):30-32.

[105] 冯固,杨茂秋,白灯莎.用 ^{32}P 示踪研究石灰性土壤磷素的形态及有效性的变化.土壤学报,1996,33(3):301-306.

[106] 冯瑞章,冯月红,姚拓,等.春小麦和苜蓿根际溶磷菌筛选及其溶磷能力测定[J].甘肃农业大学学报,2005,40(5):604-608.

[107] 冯瑞章,姚拓,龙瑞军,等.溶磷菌和固氮菌溶解磷矿粉时的互作效应[J].生态学报,2006,26(8):2764-2769.

[108] 冯瑞章,周万海,龙瑞军,等.江河源区不同建植时期人工草地土壤养分及微生物量磷和磷酸酶活性研究[J].草叶学报,2007,16(6):1-6.

[109] 冯月红,姚拓,龙瑞军.土壤解磷菌研究进展[J].草原与草坪,2003(1):3-7.

[110] 高宏峰.不同溶磷细菌肥对玉米生育期土壤养分及酶活性的影响[J].山西农业科学,2012,40(6):651-655.

[111] 高贤彪,卢丽萍.新型肥料施用技术[M].济南:山东科学技术出版社,1997.

[112] 关松荫.土壤酶及其研究法[M].北京:农业出版社,1986:78-127.

[113] 葛诚.国外微生物肥料的研究和生产应用[J].草原与牧草,1994(3):6.

[114] 葛均青,于贤昌,王竹红.微生物肥料效应及应用展望[J].中国生态农业学报,2003,11(3):87-88.

[115] 顾永明,王寅虎.磷肥在土壤中的转化及其与土壤有效磷的关系[J].土壤,

1986,18(3):120-125.

[116] 何振立.土壤微生物量及其在养分循环和环境质量评价中的意义[J].土壤，1997,21(2):61-69.

[117] 洪坚平,谢英荷,孔令杰,等.矿山复垦区土壤微生物及其生化特性研究[J].生态学报,2000,20(4):670-672.

[118] 何振立,朱祖祥,袁可能,等.土壤对磷的吸持特性及其土壤供磷指标的关系[J].土壤学报,1988,25(4):397-404.

[119] 金术超,杜春梅,平文祥,等.解磷微生物的研究进展[J].微生物学杂志，2006,26(2):73-78.

[120] 郝晶,洪坚平,谢英荷,等.石灰性土壤溶磷细菌的分离、筛选机解磷效果[J].山西农业科学,2005,33(4)56-59.

[121] 郝晶,洪坚平,刘冰,等.不同解磷菌群对豌豆生长和产量影响的研究[J].作物杂志,2006,1:73-76.

[122] 郝晶,洪坚平,刘冰,等.石灰性土壤中高效解溶磷细菌菌株的分离、筛选及组合[J].应用与环境生物学报,2006,12(3):404-408.

[123] 贺梦醒,高毅,胡正雪,等.解磷菌株 B25 的筛选、鉴定及其解磷能力[J].应用生态学报,2012,23(1):235-239.

[124] 胡可,王利宾,杜慧玲.菌剂与缓释肥配饰对复垦土壤微生物生态的影响.水土保持学报,2011,25(5):85-88.

[125] 胡可,王曰鑫,王利宾.生物菌及与腐殖酸肥配施对模拟复垦土壤的微生物数量和作物养分含量影响的研究[J].腐殖酸,2012(3):17-21.

[126] 胡晓峰,何元胜,岳宁,等.不同溶磷菌生物有机肥对玉米苗期生长和土壤磷养分的影响[J].湖南农业科学,2012(11):74-77.

[127] 胡小加,江木兰,张银波.极大芽孢杆菌在油菜根部定殖和促生作用的研究.土壤学报,2004,41(6):945-948.

[128] 胡振琪,纪晶晶,王幼珊,等.AM 真菌对复垦土壤中苜蓿养分吸收的影响[J].中国矿业大学学报,2009,38(3):428-432.

[129] 胡振琪.露天煤矿土地复垦研究[M].北京:煤炭工业出版社,1995.

[130] 黄敏,吴金水,黄巧云,等.土壤磷素微生物作用的研究进展[J].生态环境，2003,12(3):366-370.

[131] 黄敏,吴金水,肖和艾.稻田土壤微生物磷变化对土壤有机碳和磷素的响应[J].中国农业科学,2004,37(9):1400-1406.

[132] 黄鹏飞,刘君昂,李蓉.马尾松根际土壤溶磷菌分离筛选、将定及其溶磷效果

研究[J].中国农学通报,2012,28(19):12-16.

[133] 黄雪娇,王晗,李振轮.解磷微生物的研究进展[J].安徽农业科学,2013,41(9):8083-8084.

[134] 蒋柏藩,顾益初.石灰性土壤无机磷分级体系的研究[J].中国农业科学,1989,22(3):58-66.

[135] 蒋欣梅,夏秀华,于锡宏,等.微生物解磷菌肥对大棚茄子生长及土壤有效磷利用的影响[J].浙江大学学报(理学版),2012,39(6):686-688.

[136] 江晓路,郭静,李蓉.拉恩氏菌 PJT09 发酵产胞外多糖的研究[J].中国海洋大学学报,2010,40(8):66-72.

[137] 来璐,郝明德,王永功.黄土高原旱地长期轮作与施肥土壤微生物量磷的变化[J].植物营养与肥料学报,2004,10(5):546-549.

[138] 栗丽,洪坚平,谢英荷,等.生物菌肥对采煤塌陷复垦土壤生物活性及盆栽油菜产量和品质的影响[J].中国生态农业学报,2010,18(5):939-944.

[139] 李东坡,武志杰,陈利军,等.长期培肥黑土微生物量磷动态变化及影响因素[J].应用生态学报,2004,15(10):1897-1902.

[140] 李法云,高子勤.土壤-植物根际磷的生物有效性研究[J].生态学杂志,1997,16(5):57-60.

[141] 李建华,郜春花,卢朝东,等.菌剂与肥料配施对矿区复垦土壤白三叶草生长的影响[J].中国生态农业学报,2011,19(2):280-284.

[142] 李金岚,王红芬,洪坚平.生物菌肥对采煤塌陷区复垦土壤酶活性的影响[J].山西农业科学,2010,38(2):53-54.

[143] 李金岚,洪坚平,谢英荷,等.采煤塌陷地不同施肥处理对土壤微生物群落结构的影响[J].生态学报,2010,30(22):6193-6200.

[144] 李金岚.施肥对采煤塌陷区复垦土壤微生物多样性及酶活性的影响[D].山西:山西农业大学博士论文,2011.

[145] 李晋荣.肥料配施对采煤塌陷复垦土壤磷生物有效性的研究[D].山西:山西农业大学硕士论文,2013.

[146] 李庆奎.磷肥的现代化研究[J].土壤通报,1986,2:1-7.

[147] 李文红,施积炎.西湖沉积物中解磷菌的分离纯化及解磷能力[J].应用生态学报,2006,17(11):2112-2116.

[148] 李晓婷,沈其荣,徐阳春,等.解磷菌 K3 的 GFP 标记及其解磷能力检测[J].土壤,2010,42(4):548-553.

[149] 李晓雁,黄海东,王燕森,等.一株水拉恩氏菌的分离鉴定及保水效果的研究

[J].华北农学报,2009,24(4):222-225.

[150] 李新举,胡振琪,李晶,等.采煤塌陷地复垦土壤质量研究进展[J].农业工程学报,2007,23(6):617-622.

[151] 黎志坤,朱红惠.一株番茄青枯病生防菌的鉴定与防病、定殖能力[J].微生物学报,2010,50(3):342-349.

[152] 梁利宝.解溶磷细菌对石灰性土壤磷形态的影响[J].山西农大学报(自然科学版),2008,28(4):454-457.

[153] 梁利宝,洪坚平,谢英荷,等.不同培肥处理对采煤塌陷地复垦不同年限土壤熟化的影响[J].水土保持学报,2010,24(3):140-144.

[154] 林启美,赵小蓉,孙焱鑫,等.四种不同生态系统的土壤解溶磷细菌数量及种群分布[J].土壤与环境,2000,9(1):34-37.

[155] 林启美,赵小蓉,孙炎鑫,等.纤维素分解菌与无机溶磷细菌的相互作用[J].生态学杂志,2001,20(3):69-70.

[156] 林启美.土壤可溶性无机磷对土壤微生物生物量磷测定的干扰[J].生态学报,2001,21(6):993-996.

[157] 刘青海,姚拓,马从,等.6株溶磷菌和4株固氮菌混合培养条件的研究[J].草原与草坪,2011,31(6):1-6.

[158] 林启美,赵海英,赵小蓉.4株溶磷细菌和真菌溶解磷矿粉的特性[J].微生物学通报,2002,29(6):24-28.

[159] 刘国栋,李继云,李振声.植物高效利用磷素营养的化学机理[J].植物营养与肥料学报,1995,3(4):72-78.

[160] 刘建玲,李仁岗,张风华.磷肥在石灰性土壤中的转化及其影响因素的研究[M].北京:中国农业出版社,1994:234-237.

[161] 刘建中,李振声,李继云.利用职务自身潜力提高土壤中磷的生物有效性[J].生态农业研究,1994,2(1):18-25.

[162] 刘江,谷洁,高华,等.秦岭山区无机溶磷细菌筛选及其 Biolog 和分子生物学鉴定[J].干旱地区农业研究,2012,30(1):184-189.

[163] 刘庆丰,熊国如,何月秋,等.枯草芽孢杆菌 XF-1 的根围定殖能力分析[J].植物保护学报,2012,39(5):425-430.

[164] 刘荣昌,李凤汀,赫正然,等.小麦接种联合固氮菌增产原因分析[J].华北农学报,1993,8(2):73-77.

[165] 刘润进,李晓林.丛枝菌根及其应用[M].北京:科学出版社,2000.

[166] 刘微,朱小平,高书国,等.解磷微生物浸种对大豆生长发育及其根瘤形成研

究的影响[J].中国生态农业学报,2004,12(3)153-155.

[167] 刘文干,何圆球,曹慧,等.一株红壤溶磷菌的分离、鉴定及溶磷特性[J].微生物学报,2012,52(3):326-333.

[168] 刘文革.磷肥在石灰性土壤中的形态转化及施用时间对其肥效的影响[J].土壤通报,1993,24(4):154-157.

[169] 鲁如坤,史陶钧.土壤磷素在利用过程中的消耗与累积[J].土壤学报,1981,5:5-8.

[170] 陆景陵.植物营养学(上册)[M].北京:中国农业大学出版社,2002.

[171] 陆瑞霞,王小利,姚拓,等.地八角根际溶磷菌溶磷能力及菌株特性研究[J].中国草地学报,2012,34(4):102-108.

[172] 吕德国,于翠,秦嗣军,等.本溪山樱根部解磷菌的定殖规律及其对植株生长发育的影响[J].中国农业科学,2008,41(2):508-515.

[173] 吕学斌,孙亚凯,张毅民.几株高效溶磷菌株对不同磷源溶磷活力的比较[J].农业工程学报,2007,23(5):195-197.

[174] 马彦卿.微生物复垦技术在矿区生态重建中的应用[J].采矿技术,2001,1(2):66-68.

[175] 莫淑勋.有机肥料磷及其与土壤磷素肥力的关系[J].土壤学进展,1992,20(3):1-7.

[176] 年洪娟,陈丽梅.土壤有益细菌在植物根际竞争定殖的影响因素[J].生态学杂志,2010,29(6):1235-1239.

[177] 彭佩钦,吴金水,黄道友,等.洞庭湖区不同利用方式对土壤微生物生物量碳氮磷的影响.生态学报,2006,26(7):2261-2267.

[178] 秦芳玲,王敬国,李晓林,等.VA菌根真菌和解磷菌对红三叶草生长和氮磷营养的影响[J].草叶学报,2000,9(1):9-14.

[179] 秦芳玲,田中民.同时接种解溶磷细菌与丛枝菌根真菌对低磷土壤红三叶草养分利用的影响[J].西北农林科技大学学报(自然科学版),2009,37(6):151-157.

[180] 邱亚群,彭佩钦,刘伟,等.不同利用方式土壤中磷的吸附与解吸特性[J].环境工程学报,2013,7(7):2757-2762.

[181] 任嘉红,刘辉,吴晓蕙,等.南方红豆杉根际溶无机溶磷细菌的筛选、鉴定及其促生效果[J].微生物学报,2012,52(3):295-303.

[182] 任天志.持续农业中的土壤生物指标研究[J].中国农业科学,2000,33(1):68-75.

[183] 饶正华,林启美,孙炎鑫,等.解钾菌与解磷菌及固氮菌的相互作用[J].生态学杂志,2002,21(2):71-73.

[184] 郜春花,王岗,董云中,等.解磷菌剂盆栽及大田试验施用效果[J].山西农业科学,2003,31(3):40-43.

[185] 郜春花,卢朝东,张强.解磷菌剂对作物生长和土壤磷素的影响[J].水土保持学报,2006,20(4):54-56.

[186] 邵玉芳,樊明寿,乌恩,等.植物根际解溶磷细菌与植物生长发育[J].中国农学通报,2007,23(4):241-244.

[187] 沈善敏.论我国磷肥生产与应用对策[J].土壤通报,1985,28(3):97-102.

[188] 盛下放.硅酸盐细菌NBT菌株在小麦根际定殖的初步研究[J].应用生态学报,2003,14(11):1914-1916.

[189] 孙彩霞,陈利军,武志杰.Bt杀虫晶体蛋白的土壤残留及其对土壤磷酸酶活性的影响[J].土壤学报,2004,41(5):761-765.

[190] 孙海国,张福锁.缺磷胁迫下的小麦根系形态特征的研究[J].应用生态学报,2012,13(3):295-299.

[191] 孙华,熊德祥.施用有机肥和溶磷细菌肥料对砂姜黑土磷素形态转化的影响[J].土壤通报,2002,33(3):194-196.

[192] 谭丽金,王真辉,陈秋波,等.根际解磷微生物研究展[J].华南热带农业大学学报,2006,12(2):44-49.

[193] 汤惠君.土地复垦与生态重建[J].衡阳师范学院学报(自然科学),2004(3):85-88.

[194] 陶涛,叶明,刘冬,等.无机解溶磷细菌的筛选、鉴定及其溶磷能力研究[J].合肥工业大学学报(自然科学版),2011,34(2):304-308.

[195] 王斌,马义兵,王西和,等.长期施肥条件下灰漠土磷的吸附与解吸特征[J].土壤学报,2013,50(4):726-733.

[196] 王富民,刘桂芝,张彦,等.高效溶磷菌的分离、筛选及在土壤中溶磷有效性的研究[J].生物技术,1992,2(6):34-37.

[197] 王巧妮,陈新生,张智光.我国采煤塌陷地复垦的现状、问题和原因分析[J].能源环境保护,2008,22(5):49-53.

[198] 王富明,张彦,吴皓琼,等.解磷固氮菌剂的研制及其对小麦增产效应[J].生物技术,1994,4(4):15-18.

[199] 王光华,赵英,周德瑞,等.解磷菌的研究现状与展望[J].生态环境,2003,12(1):96-101.

[200] 王洪刚,等.VA菌根对绿豆吸磷和固氮单的影响[J].土壤学报,1983,8(2):203-208.

[201] 王红新,郭绍义.矿区复垦土壤接种丛枝菌根对玉米生长及营养吸收的影响[J].中国农学通报,2007,23(1):132-136.

[202] 王建林,陈家芳,等.土壤可变电荷表面对磷的吸附解析特性[J].土壤,1987,19:271-272.

[203] 王明友,李光忠,杨秀凤,等.微生物菌肥对保护地黄瓜生育及产品、品质的影响研究初报[J].土壤肥料,2003(3):38-40.

[204] 王琪,徐程扬.氮磷对植物光合作用及碳分配的影响[J].山东林业科技,2005,160(5):59-62.

[205] 王晔青,韩晓日,马玲玲,等.长期不同施肥对棕壤微生物量磷及其周转的影响[J].植物营养与肥料学报.2008,14(2):322-327.

[206] 王义,贺春萍,赵肖兰.土壤解磷微生物研究进展[J].安徽农学通报,2009,15(9):60-64.

[207] 王岳坤,于飞,唐朝荣.海南生态区植物根际解溶磷细菌的筛选及分子鉴定[J].微生物学报,2009,49(1):64-71.

[208] 文情,赵小蓉,张书美,等.半干旱地区不同土壤团聚体中微生物量磷的分布特征[J].中国农业科学,2005,38(2):327-332.

[209] 吴凡,崔萍,夏尚远,等.桑树根际解溶磷细菌的分离鉴定及解磷能力的测定[J].蚕业科学,2007,33(4):521-527.

[210] 薛巧芸.农艺措施和环境条件对土壤磷素转化和淋失的影响及机理研究[J].浙江大学博士论文,2013.

[211] 席琳乔,王静芳,马金萍,等.棉花根际解磷菌的解磷能力和分泌有机酸的初步测定[J].微生物学杂志,2007,27(5):70-74.

[212] 夏瑶,娄运生,梁永超,等.几种水稻土对磷的吸附与解析特性[J].中国农业科学,2002,35(11):1369-1374.

[213] 向文良,冯玮,郭建华,等.一株解磷重度嗜盐菌的分离鉴定及解磷特性分析[J].微生物学通报,2009,36(3):320-327.

[214] 谢永萍,商胜华,李建伟,等.烤烟专用微生物肥料对烟叶产量和质量的影响[J].贵州农业科学,2000,28(1):55-56.

[215] 杨慧,范丙全,龚明波,等.一株新的溶磷草生欧文氏菌的分离鉴定及其溶磷效果的初步研究[J].微生物学报,2008,48(1):51-56.

[216] 杨俊兴,张彤,吴冬秀.磷素营养对植物抗旱性的影响[J].广东微量元素科

学,2003,10(12):12-19.

[217] 杨秋忠,等.台湾图生固氮溶铁溶磷细菌特性之研究[M].中国农业化学会志,1998,36(2):201-270.

[218] 杨延春,刘德斌,殷汝成.常春藤复合微生物肥在棉花生产中应用研究[J].上海农业科技,2003(2):35-36.

[219] 尹金来,曹翠玉,史瑞和.徐淮地区石灰性土壤磷素固定的研究[J].土壤学报,1989,26(2):131-138.

[220] 尹瑞玲.我国旱地土壤的溶磷微生物[J].土壤,1988,20(5):243-246.

[221] 于群英,马忠友,等.溶磷细菌筛选及其对土壤无机磷转化的影响[J].水土保持学报,2012,26(5):103-107.

[222] 于群英,陈世勇,马忠友,等.溶磷细菌筛选及其对苗期玉米生长的影响[J].生态环境学报,2012,21(7):1257-1261.

[223] 虞伟斌,杨兴明,沈其荣,等.K3 解磷菌的解磷机理及其对缓冲容量的响应[J].植物营养与肥料学报,2010,16(2):354-361.

[224] 余旋.四川核桃主产区根际解溶磷细菌研究[J].四川农业大学.四川雅安,2011.

[225] 余旋,朱天辉,刘旭.不同解磷菌剂对美国山核桃根际微生物和酶活性的影响[J].林业科学,2012,48(2):117-123.

[226] 袁可能.植物营养元素的土壤化学[M].北京:科学技术出版社,1983.

[227] 袁树忠,周明国.辣椒疫病生物防治菌株的筛选与定殖[J].扬州大学学报(农业与生命科学版),2006,27(4):93-97.

[228] 张迪,许景钢,王世平,等.生物有机肥对土壤中磷的吸附和解吸特性的影响[J].东北农业大学学报,2005,36(5):571-575.

[229] 张国盛.水分胁迫下营养对小麦根系发育的影响[J].甘肃农业大学学报,2001,36(2):163-167.

[230] 张健,洪坚平,郝晶.不同解磷菌群在石灰性土壤中对油菜产量及品质的影响[J].山西农业大学学报,2006(2):149-151.

[231] 张林,丁效东,王菲,等.菌丝室接种巨大芽孢杆菌 C4 对土壤有机磷矿化和植物吸收的影响[J].生态学报,2012,32(13):4079-4086.

[232] 张云翼,邹碧莹.解溶磷细菌在控制农业面源污染上的应用前景[J].现代农业科技,2008,17:249-250.

[233] 赵美芝.几种土壤和粘土矿物上磷的解吸[J].土壤学报,1988,25:156-163.

[234] 赵庆雷,马加清,吴修,等.长期不同施肥模式下稻田土壤磷吸附与解吸的动

态研究[J].草业学报,2014,23(1):113-122.

[235] 赵晓齐.有机肥对土壤磷素吸附的影响[J].土壤学报,1991,28(1):7-13.

[236] 赵小蓉,林启美,孙焱鑫,等.细菌解磷能力测定方法的研究[J].微生物学通报,2001,28(1):1-4.

[237] 赵小蓉,林启美,孙焱鑫,等.小麦根际与非根际解溶磷细菌的分布[J].华北农学报,2001,16(1):111-115.

[238] 赵小蓉,林启美,孙焱鑫,等.玉米根际与非根际解溶磷细菌的分布[J].生态学杂志,2001,20(6):62-64.

[239] 赵小蓉,林启美,李保国.C、N源及C/N比对微生物溶磷的影响[J].物营养与肥料学报,2002,8(2):197-204.

[240] 赵小蓉,林启美,李保国.微生物溶解磷矿粉能力与pH及分泌有机酸的关系[J].微生物学杂志,2003,23(3):5-7.

[241] 张宝贵,李贵桐.土壤生物在土壤磷有效性的作用.土壤学报,1998,35(1)104-109.

[242] 张岁岐,山仑.磷素营养对春小麦抗旱性的影响[J].应用与环境生物学报,1998,4(2):115-119.

[243] 张毅民,孙亚凯,吕学斌,等.高效溶磷菌Bmp5筛选及活力和培养条件的研究[J].华南农业大学学报,2006,27(3):61-65.

[244] 郑少玲,陈琼贤,谭炽强,等.生物有机肥中溶磷细菌对难溶态磷的有效化研究[J].中国土壤与肥料,2006(3):54-56.

[245] 郑少玲,陈琼贤,谭炽强,等.解溶磷细菌对难溶态磷的有效化作用[J].华南农业大学学报,2007,28(4):38-41.

[246] 钟传青,黄为一.溶磷细菌P17对不同来源磷矿粉的溶磷作用及机制.土壤学报,2004,41(6):931-937.

[247] 钟传青,黄为一.不同种类解磷微生物的溶磷效果及其磷酸酶活性的变化[J].土壤学报,2005,42(2):286-294.

[248] 周鑫斌,洪坚平,谢英荷.溶磷细菌肥对石灰性土壤磷素转化的影响[J].水土保持学报,2005,19(6):70-73.

[249] 朱培森,杨兴明,徐阳春,等.高效解溶磷细菌的筛选及其对玉米苗期生长的促进作用[J].应用生态学报,2007,18(1):107-112.